狗狗营养烘焙

景小俏 著

中国轻工业出版社

图书在版编目（CIP）数据

狗狗营养烘焙 / 景小俏著 . —北京：中国轻工业出版社，2025.4

ISBN 978-7-5184-3915-7

Ⅰ . ①狗… Ⅱ . ①景… Ⅲ . ①犬—饲料 Ⅳ . ① S829.25

中国版本图书馆 CIP 数据核字（2022）第 044828 号

责任编辑：程　莹　　责任终审：劳国强　　设计制作：锋尚设计
责任校对：朱燕春　　责任监印：张京华

出版发行：中国轻工业出版社（北京鲁谷东街5号，邮编：100040）
印　　刷：北京博海升彩色印刷有限公司
经　　销：各地新华书店
版　　次：2025年4月第1版第3次印刷
开　　本：710×1000　1/16　印张：12.5
字　　数：200千字
书　　号：ISBN 978-7-5184-3915-7　定价：49.80元
邮购电话：010-85119873
发行电话：010-85119832　010-85119912
网　　址：http://www.chlip.com.cn
Email：club@chlip.com.cn

250530S6C103ZBQ

序言

作为一名专注宠物营养和天然饮食的营养师，在近15年的职业生涯中，我见证了天然饮食对宠物健康的重要意义，更经历了人们因无从获得宠物健康饮食而感到困惑和盲从的年代。信息爆炸的今天，各式各样关于科学养犬、养猫的自媒体大量涌现，让人们获取信息也更加便捷。这其中虽然有一些不严谨甚至误导的现象，但也有很多分享是值得点赞的。不得不说，科技的发展让更多人建立了联系，也让我们的宠物得到了前所未有的关注。

法国微生物学家路易·巴斯德曾经说过："最好的医生是大自然，它能够治愈四分之三的疾病，并且从不说人坏话。"

食物中丰富的营养素及植物中的化合物，不仅为动物提供营养和热量来源，更为提高免疫力、控制炎症等做出了巨大贡献。动物营养学是一门专业性较高的学科，目前国内的多所高校开设有动物医学和动物科学两个方向的课程，但对普通的宠物主人来说，这类的专业科目显然学习起来不容易，所以我致力于将专业的动物营养学、食品营养学、食品制作工艺以及中国传统医学的智慧相结合，希望以浅显易懂的方式为大家输出实用性较高的内容。这本书中的内容是我多年积累的实践经验，都是我和身边的宠物主人们给自家狗狗实验过的食谱，如今汇总成册分享给需要的宠物主人们。

这些食谱，都相对简单，易于操作，食材也尽量选择身边容易采购的天然食材，进行简单的搭配就能够做出既有颜值又安全健康的宠物美食。其中有一些，人类也可以食用，我们称之为"人宠共享美食"。这里的"共享"，并不是指在一个盘子里就餐，而是天然、健康，符合优质食物的特点，人类也同样可以食用。人宠共食的食谱，在口味上可能存在一些差异，添加一些自己偏爱的调味料，就能很好地满足个人的口味喜好。

本书中所选的食谱，以这几年来最受广大宠物主人喜爱的各种烘焙类食物为主，在“节日、特别纪念日专属美食部分”有一些并不属于烘焙食品工艺，是由于平时受到宠物主人的广泛关注，就一并分享给大家。

研究天然饮食是一件对人和宠物都十分有益的事情，希望大家能够建立科学的营养与饮食观念，培养良好的饮食习惯。很多人类和动物的疾病是预防大于治疗的，科学、健康的饮食可以有效地延长宠物的生命，能够实现长久陪伴的美好心愿。

在写作的过程中，非常感谢亲手下厨为家里宠物制作食谱的宠物主人朋友们，让我获得更多狗狗对食物的口味偏好数据，也让健康、科学的食物制作方法具有更加切实可行的依据；更要感谢我的摄影师，不厌其烦地帮我完成大量的拍摄工作，尽可能地让读者朋友们在欣赏美食的同时，能够清晰地了解食物制作的过程。本书封面图片由我的学生桂林呆萌宠物乐园的负责人康梓敏提供，在此也一并感谢。

景小俏

2021年12月于北京

目录

上篇

了解狗狗 科学喂养

下篇

亲手制作 狗狗烘焙美食

上篇

了解狗狗 科学喂养

01 缘起

记得我5岁那一年，有一天爸爸下班回来，怀里抱了一只小奶狗。它长得很漂亮，那个年代的人也叫不上什么品种，只管它叫小狼狗。小狼狗是我和妹妹童年最好的伙伴，我们至今还记得当时把牛奶装在奶瓶中一起喂它的情景。

小时候的我有个梦想，希望长大后能养一只金毛，高大帅气、满身金灿灿的、飘逸的金色长毛，想想这样的场景，自己就开心得不得了。虽然，那时的我并不知道金毛到底是怎样的狗狗。多年以后，在接受媒体采访时，我也说起过儿时的这个梦想，想不到后来竟然梦想成真了。

2009年快到中秋节的时候，一个并不太熟的朋友问我，是否有兴趣领养一只才3个月的小金毛。我当时想都没想便答应了。虽然有些冲动，但我知道，这是我与金毛的缘分到了。中秋节前，我把小金毛接回了家。从此，它正式成为我家里的一员。

3个月大的小帅哥闪闪

小金毛出生于2009年6月18日，原来的主人给它取名叫“闪闪”，而且不希望改名字，于是我们也一直叫它闪闪。后来我才知道，“闪闪”在湖北话里是“帅哥”的意思，嗯，它确实是位帅哥呢。

当时，我常在工作之余给杂志社写美食稿件。有了闪闪之后，它会陪伴我创作，让我灵感迸发，这样的伙伴真是有趣至极。偶尔，我也会给它制作一些美味的小零食，希望有更多的时光可以与它一起分享。闪闪的到来，是我从事宠物营养学习和研究的开始，真正改变了我的人生轨迹。

和大多数宠物主人一样，我也自以为是地认为，白天家里没人的时候，闪闪自己在家会很寂寞、很无聊，它需要一个伴儿。于是我便为它挑选了一个小伙伴，希望我不在家的时间，代替我与它相伴。新成员是一只2个月大的棕红色贵宾犬，也是个“男孩”。刚到家的时候，我走到哪里，它就跟到哪里，就像一只跟屁虫，叫它“PP”时，它会高兴地对我摇尾巴，于是“PP”这个名字便属于它了。两个小伙伴一直相处得非常和谐。

2个月大的小可爱PP

为了让两个宝贝吃好喝好，我开始寻找与动物营养相关的文献、资料，不仅订阅了国内所有的宠物杂志，还去农业大学旁听动物医学、动物科学和食品学课程，经常在学校图书馆里泡一天，为我的问题找到答案。回家则根据自己的理解，设计适合它们的美食，并在保证成分健康安全的前提下，尽量做到精致美观。我时常将自己制作的美食分给一起遛狗的邻居，大家都非常喜欢。大家的肯定给我更大的动力，我一有空就钻进厨房，研究各种宠物美食。当狗狗们将我做的美食一扫而光时，我也觉得非常有成就感。

闪闪一岁生日时，我邀请平日一起遛狗的邻居们，为它办了狗生第一个生日聚会。我亲手给它制作的生日蛋糕、生日帽、生日蜡烛、各种零食，我过生日有的，闪闪也一应俱全。

给狗狗过生日，在那个年代是相当稀罕的事情，至少我家小区里闻所未闻。大家将这新鲜事说给身边的朋友们听，让更多人知道了宠物也能过生日，也能有蛋糕吃。这以后，给狗狗过生日便成了大家聚会的主题之一，从小区的广场到郊野公园的草坪，都留下过我们欢乐的足迹。给狗狗们制作蛋糕的任务也光荣地落到了我的身上。

帅气、可爱的小哥俩

2010年，我在《名犬》杂志创办宠物美食专栏，分享我在宠物营养与美食上的心得与经验。在专栏开办的2年中，很多内容受到多家电视台及网络媒体的关注。我还受邀参加了很多有关科学喂养宠物的电视节目，比如湖南电视台的《谁与争锋》和《快乐大本营》、北京电视台的《卡酷动物园》、四川电视台的《万万没想到》等。非常感谢媒体的小伙伴们，为传播健康养宠理念做出的辛苦努力。

到2013年，我通过宠物美食专栏等认识的读者越来越多。他们和我一样，非常关注家中猫狗的饮食和健康，希望能为它们挑选和制作更加健康的主食和零食。于是，我们在北京召开了第一场线下读者见面会，一起交流和分享与宠物的有趣故事。大家希望给宠物提供更加优质的食物、希望掌握辨别宠物食品优劣的知识，这些迫切需求深深触动着我，让我更加坚信，宠物健康一定会受到越来越多养宠人的关注，宠物健康食品也会是未来宠物食品的发展趋势。同年的6月，我在北京东四环附近开办了景小俏宠物美食课堂，定期开设宠物营养和烘焙美食体验课程，让和我兴趣相投的朋友们有一个地方可以一起分享、一起学习、一起精进。这间200平方米的教室，凝结着一份特别的爱和对长久陪伴的期待，是中国最早的宠物烘焙课堂之一。我

明白，是大家一直以来的支持让我有机会与这份美好职业邂逅，并愿意为之全力以赴。感恩相遇，未来可期。

我深知食品科学的严谨与尊重生命的重要，2014～2016年，我和我的兽医师、动物营养师朋友们共同努力，研发并完成了宠物烘焙食品新工艺课程，将系统的动物营养学知识与新型的食品工艺课程相结合，将动物的营养需求与烘焙食品工艺结合，研发出真正适合宠物猫狗的健康食品。几年来，我们一起创建了宠物营养研究中心、宠物新型食品教学基地，培养了上千名学生。我还受邀到全国多所高校担任新学科建设导师。“景小俏宠物营养烘焙食品学院”已经成为国内首屈一指的专业宠物营养和食品教育品牌，优质的课程内容和良好的口碑让更多的同学从全国各地和亚、欧、非、南美、北美等五大洲来到我们学校学习宠物营养食品知识。毕业的学生走向全国各地、世界各地，为更多的宠物提供专业的营养和饮食服务，让更多宠物能得到更加丰富和健康的美食。

2018年开始，我参与组织宠物美食大赛，用新颖的比赛形式为更多学生搭建学习和交流的平台，也让更多的人了解宠物烘焙食品。

随着行业的发展壮大，2021年，我受邀参与申请宠物行业新职业，参与制订国家新职业标准。在这个快速发展的行业中，感受到很多的惊喜和期待，虽然背负着重大的责任，但乐在其中。我与我的朋友们、学生们会一起将热爱的事业进行到底。

02 创建宠物专属的烘焙美食

“宠物烘焙”和“宠物美食”这两个词汇，我应该是2010年至2013年间在当时的《名犬》杂志上看到的。应该说，它们表达了我们希望宠物能和人类一样，共享色、香、味俱全的食物的美好愿望。

在我致力研究的宠物新工艺食品领域中，烘焙型宠物食品无论在造型上还是配方上都是比较突出和引人关注的。在过去的几年里，我带领团队先后研发出了上千种造型精美、营养丰富的宠物烘焙美食，如现在市面上最流行的宠物生日蛋糕，还有专门给狗狗、猫咪设计的各式饼干、甜甜圈、甜品、点心、月饼、粽子、年夜饭、巧克力等。通过大家的不断努力，宠物烘焙食品被越来越多的人知道和接受，未来，希望有更多的人能够从事宠物营养与健康食品的研发、生产及销售工作，让更多的宠物及伴侣动物能够享用到健康、营养的美味食品。

烘焙食品，是利用烤箱使食材在高温、干热状态下发生脱水、淀粉糊化、蛋白质变性等多重变化后而形成的食品，食物的口感、风味也相应改变。烘焙食品工艺，在人类食品加工领域已经非常成熟了，但是，大多数的人类烘焙食品都有高脂、高糖等特点，算不上健康食品。人们通常不会大量食用，所以也不适合狗狗和猫咪当作日常的零食来食用。

宠物的烘焙食品并不像大家想象的那样，在人类烘焙食品中简单地减掉不适合狗狗或者猫咪吃的食材就可以了。有些宠物主人曾尝试着用自己的办法制作狗狗或者猫咪吃的曲奇饼干，虽然减少了糖和油的用量，但还是让宠物患上了胰腺炎；有些宠物主人给宠物随意地制作了自以为美味的点心，却让宠物出现呕吐或者腹泻的问题。这一切都源于我们并不了解宠物对食物的真正需求，并不了解食品加工工艺。在宠物食品中，配方中的各种食材成分都有其重要的作用，有些甚至是不可替代的。营养全面和均衡，也不是各种食材简单相加这么简单。

宠物专属甜甜圈

宠物专属营养饼干

宠物食品一直都属于专业的食品科学体系，宠物烘焙食品是当中的一个分支，主要是通过烘焙的方式加工宠物食品。从表面上看，宠物烘焙食品要秉承低脂、不添加糖和防腐剂的原则，除此之外，还要满足宠物对食品的口味偏好，更要考虑到宠物对不同营养素的耐受及需求指标，经过综合考量才能设计、制作出安全的、适合狗狗或猫咪的烘焙食品。严格地说，为宠物制作食品，需要具备专业的宠物营养知识、配方设计知识、医学知识，需要了解不同年龄段宠物的营养需求差异、宠物食品标准、法律法规及不同品种宠物的生理特征等。所以，宠物食品设计和制作是一项专业而严谨的工作。虽然并不是每一位宠物主人都会去从事宠物食品的生产和研发工作，但是，我希望大家能够明白，宠物食品行业的从业人员是需要经过专业和系统学习并通过相关考试才能具备从业资格的。

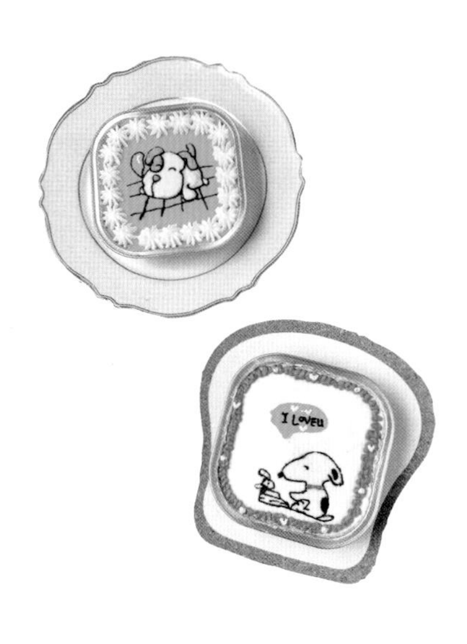

当然，我们无法用简单的几句话就将宠物烘焙食品的理论系统阐述清楚。但大家要知道“任

何的营养均衡都不是由简单的食物相加得来的”，懂得了这样的道理，我们便明白，宠物科学饮食的方法值得我们学习与探索。身为宠物主人，我们是赋予宠物食物的人，是决定它们生活品质和健康水平的决策者。虽然不用人人都接受专业的宠物营养和食品配方设计培训，但是，如果真爱自家的狗狗和猫咪，掌握一些最基础的养宠知识，对家中的宠物有一定的了解，熟悉常见天然食材的属性，才能做到尊重生命、科学喂养。我认为这应该是每一位宠物主人的必修课。

03 开启狗狗健康饮食3.0时代

二十几年以前，在中国，狗狗在家庭中的角色主要是看家护院，它们的食物主要是人类的残羹剩饭。人们并不了解狗狗适合吃怎样的食物，它们的口味如何。食物仅仅是狗狗维持生命、延续生命的物质基础、能量来源。这应该是狗狗饮食的1.0时代。

随着时代的发展，随着收入的提高，人们的生活品质得到改善，狗狗在家庭中开始变成真正的宠物角色。利用膨化工艺生产的颗粒狗粮在国内渐渐被大多数养狗家庭认识和接受。他们希望给狗狗更好的食物和更健康的生活，营养全面的膨化颗粒狗粮便成为狗狗日常的主要食物。我们发现，狗狗的寿命延长了，健康状况得到了改善，而且，干燥的颗粒狗粮便于存放，让养狗这件事变得更加方便、省事了，狗狗们迎来了健康饮食的2.0时代。

近些年，随着经济水平的进一步发展，人们的精神需求更加丰富。在快节奏生活的压力和人口老龄化的社会大趋势下，狗狗作为宠物、伴侣动物正在成为很多家庭中重要的家庭成员。宠物行业得到快速发展，出现了很多新兴的细分行业。人们会专门带狗狗去拍写真、为狗狗办生日聚会、为狗狗举办婚礼等。人们希望狗狗可以像人类一样，拥有更加丰富的生活和美味的食物，减少疾病的发生，通过科学喂养让狗狗可以更长久地陪伴在自己身边，这可以说是美好的宠物健康饮食3.0时代，一切都是那么温暖而充满期待。在这个全新的时代里，每个重要的节日，狗狗都有一份属于自己的专属食物，生日有蛋糕、端午节有粽子、中秋节有月饼、新年有饺子，都是经过专业宠物营养师精心设计和调配，按狗狗对食物的营养需求和口味偏好制作而成的。这些食物不仅外观精美、营养丰富，对于怀孕期、哺乳期或者有特殊情况的狗狗，还可以针对狗狗的特殊营养需求进行调整。狗狗可以生活在这样一个有条件注重健康饮食的美好新时代，真为它们感到开心。

04 如何挑选适合狗狗的烘焙食品

烘焙工艺已经逐渐用于宠物食品的生产制作，从低温烘焙粮到烘焙零食等都是烘焙出来的。和膨化工艺相比，烘焙工艺可以实现低温烘烤，减少营养成分的损失；还可以增加食品配方中的鲜肉含量，制作出宠物需要的高蛋白食品，对健康也更为有益。现如今，大家不仅可以买到狗粮和烘干肉干等，还可以买到专门为宠物设计的蛋糕、甜甜圈、月饼、饼干等更精美的食品，这些健康、精美食品的出现，体现了现代养宠人对宠物健康的重视和对高品质生活的追求。

怎么挑选健康的宠物烘焙食品呢？

首先应该知道宠物健康食品的标准是什么。

（1）明确标注清晰可见的食品原料信息。这是每一种合格的宠物食品都应该明示的信息，按国家相关法规要求，原料用量按降序排列。挑选购买时，以配料表前几位是优质、新鲜肉类或干燥肉类为宜，最好能显示原料比例。配方中全部使用新鲜食材好过使用不明原料或饲料类原料。

狗粮配料表示例1	狗粮配料表示例2	狗粮配料表示例3
原料组成：冷冻鸡胸肉（45%）、冷冻鸡心（8%）、土豆淀粉（8%）、冷冻鸡肝（7%）、冷冻金枪鱼（6%）、南瓜（5.3%）、鲜鸡蛋（5%）、胡萝卜（5.25%）、宠物饲料复合调味料（3%）、鸡油（2%）、大豆分离蛋白（2%）、鱼油（0.5%）	小麦、玉米、鸡肉粉（≥12%）、玉米蛋白粉、鸡油、牛水解液、甜菜粕、碳酸钙、鸡肝粉、鱼粉、大豆粕、胡萝卜、宠物饲料复合调味料	谷物及其制品、肉类及其制品、豆油、矿物质、甜菜粕、豌豆、葡萄糖、木糖
添加剂组成：果寡糖、维生素A、维生素D_3、D-泛酸钙、蛋白铁、蛋白锌、酵母硒、丝兰粉、磷酸氢钙、氯化胆碱等		
分析与建议：原料组成以天然食材为主，并标注出明确的用量信息，且排在前面的部分以动物性优质蛋白质为主，推荐选择	分析与建议：原料组成以天然食材为主，但排在最前面的是谷物，动物性原料排位靠后，且没有明确标注各种原料使用量信息，不推荐	分析与建议：原料具体为何种谷物、肉类不明确，且使用量不明确，不推荐

（2）食品营养成分保证数据。食品营养成分保证数据能够合理反映该食品所声称的营养特点及功能性，且数据来源真实、具有权威性，一般来说，蛋白质、脂肪、膳食纤维、水分、热量数据是必需明示的，为消费者提供更为直观的选购依据。

营养成分

基于DM（干物质）
蛋白质≥30%
脂肪≥8%
膳食纤维≤5%
粗灰分≤4%
水分≤60%
热量值　100千卡/100克或1千卡/克

（3）明确的生产商和产地信息。标出明确的生产商和产地信息，便于消费者了解食品生产销售企业是否具备相应的生产资质，也便于消费者在食品出现问题时联系到生产商。

（4）明确的保质期、生产日期信息及保存方式。在购买宠物食品时，尽量挑选生产日期较新的。手工烘焙食品基本上是现制现售，满足消费者对新鲜的诉求。如果食品没有标注生产日期，建议不要买。

（5）安全密封的食品包装。不同类型的宠物食品，对于包装的要求也不同。为避免食物氧化变质，一般采用真空包装；酥脆的宠物饼干，在运输过程中比较容易被压碎，故多使用罐装或盒装。不含防腐剂的宠物食品，尽量选择小规格的包装。大规格的散装宠物食品尽量不买，每次开包时接触氧气会加速食品氧化变质。

（6）不含防腐剂和化学添加剂。工业化生产的宠物食品很难做到不含防腐剂和化学添加剂。含水量、脂肪含量、糖含量、盐含量等都会影响食品的保质期。使用天然食材制作的宠物食品，在不添加任何防腐剂的前提下，尽量不要长时间保存，应尽快吃完，没吃完的要注意密封。

（7）对不同生长阶段、不同品种、不同体型的宠物，给出合理的喂食建议。不同生长阶段和体型的狗狗或猫咪，对热量和营养的需求会有较大差异，很多商家在包装上给出不同生长阶段、不同品种和体型狗狗或猫咪的每日喂食建议。例如：

体重（千克）	2～5	5～8	8～16	16～25	25～34	34～45
喂食量（克/天）	40～100	100～160	160～220	220～280	280～370	370～450

狗狗的摄食量会随其年龄、活动量和环境不同而有所不同，应根据具体情况做相应调整。

零食的每天喂食量，应控制在总热量的10%以内。

（8）过敏源提示信息。在宠物食品包装上，应当明确提示常见的宠物易过敏食材，便于消费者进行判断。如：配方中含有牛肉、鸡蛋、奶制品、玉米、小麦等成分，若对此类成分过敏，请勿食用。

（9）适合的颗粒大小和形状。无论是狗粮还是零食都需要考虑狗狗进食的安全性，尤其在购买零食时，我看到很多人出售的自制食品是圆球状，大小似乒乓球，殊不知这样的大小和形状很有可能给狗狗造成致命的伤害。宠物食品的外观一定要符合宠物进食的特点，以免发生风险。

05 健康生活从了解你的狗狗开始

从现在开始，我们一起走近狗狗，探索狗狗身体的奥秘，学习如何亲手为它制作美味又健康的天然食品。

回想一下，狗狗来到家中以后，我们是不是会时常把自己认为营养、美味的食物分给它一点，让它一起分享美味的满足？然而，有些时候，结果却并不如我们想象的那样美好。狗狗可能在吃了我们的食物后出现腹泻、呕吐等问题，严重的甚至可能会中毒，原因就在于人类有太多“自以为是的爱”。如果我们在并不了解狗狗的真正需要和对食物的接受能力时，就贸然给它分享我们认为好的食物，其风险是非常大的。尊重科学是尊重生命的基础，了解狗狗的身体构造和营养需求是我们养狗人必须提前完成的功课。

狗狗和人类在生理构造上有较大差异，这导致两者对食物和营养物质的需求有差异，生活习惯也有差异。

狗狗与人类的差异究竟在哪里呢？让我们一起走进狗狗的身体，去探索狗狗身体的奥秘吧。

简短的，消化系统

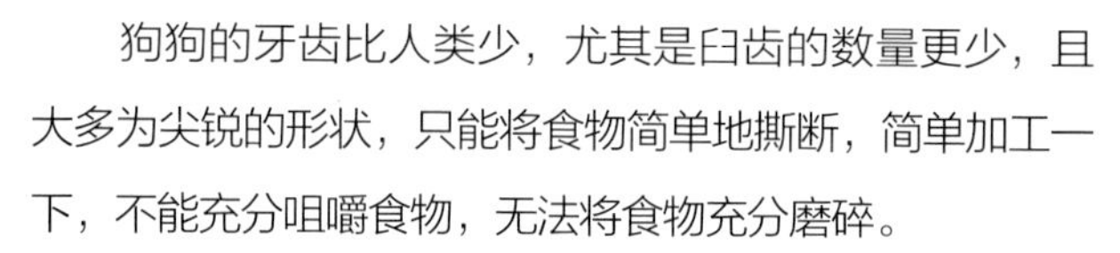

狗狗的牙齿比人类少，尤其是臼齿的数量更少，且大多为尖锐的形状，只能将食物简单地撕断，简单加工一下，不能充分咀嚼食物，无法将食物充分磨碎。

狗狗的口腔中虽然会分泌大量的唾液，但是缺少唾液淀粉酶，唾液仅能起到润滑和湿润作用，但无法对食物中的淀粉进行分解和消化。从这个角度来说，狗狗对食物的消化是从胃开始的。相比之下，人类的口腔中有大量的唾液淀粉酶，食物进入口腔后，唾液淀粉酶就开始工作，即，人类的消化起点是口腔。

人类的肠道一般是自己身体长度的4~5倍，狗狗的肠道相对更短，一般只有自己身体长度的3~4倍。所以，对于狗狗来说，食物的易消化性显得尤为重要。易消化的食物可以减轻肠道的消化压力，让身体更加轻松地获得营养。

狗狗的胃液很厉害，其盐酸含量为0.4%~0.6%（人的胃液中盐酸含量为0.2%~0.4%），对蛋白质的消化能力很强。这也是狗狗可以直接吃生骨肉且能完全消化的原因。

狗狗的舌头上约有1700个味蕾——感知味道的器官，它们对食物味道的感知能力比较弱，是味觉迟钝的动物。相比之下，人类的舌头上分布着约9000个味蕾，可以辨别味道的细微差异，所以人类感知食物味道的能力远远大于狗狗。狗狗决定选择什么食物，主要依赖自己强大的嗅觉，并不是靠“品尝味道”。

薄弱的，皮肤结构

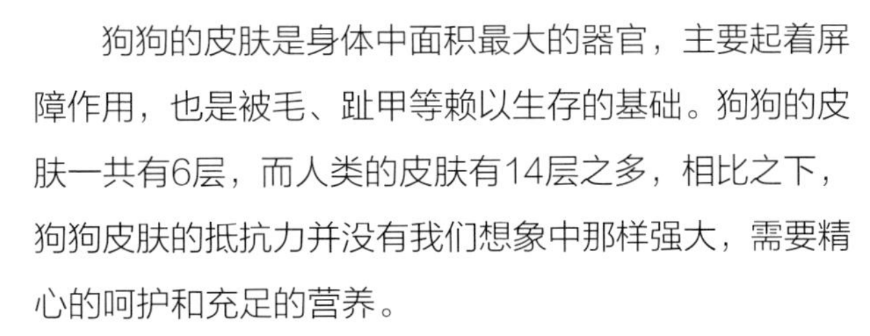

狗狗的皮肤是身体中面积最大的器官，主要起着屏障作用，也是被毛、趾甲等赖以生存的基础。狗狗的皮肤一共有6层，而人类的皮肤有14层之多，相比之下，狗狗皮肤的抵抗力并没有我们想象中那样强大，需要精心的呵护和充足的营养。

狗狗的皮肤和被毛主要由蛋白质构成，在日常饮食中摄入充足的蛋白质对皮肤和被毛的生长是十分重要的。缺乏蛋白质会影响被毛的生长和健康，让狗狗皮肤屏障受损。脂肪酸是构建角质细胞中间介质的重要物质，所以，丰富的脂肪酸也是狗狗被毛生长必不可少的营养素。缺乏脂肪酸，狗狗的被毛会干枯，失去光泽。尤其是长毛的狗狗，对于这类营养素的需求更加旺盛。

此外，丰富的维生素和矿物质可以提高皮肤角质细胞的增殖和代谢能力：维生素A有助于提高皮肤表层细胞的活力和健康，防止皮屑的产生；维生素E可以提高细胞的抗氧化能力；矿物质中的铜可以增强狗狗的黑色素沉淀、减少褪色问题的发生。由此可见，皮肤需要的营养是全面而丰富的，狗狗的饮食质量会影响皮肤的健康。

人类皮肤的pH值约为4.8，属于弱酸性皮肤；而狗狗皮肤的pH值为2.7～7.4，具体数值会因品种不同而不同。酸性的环境不利于细菌和真菌的滋生，所以酸性皮肤的狗狗其实并不容易患皮肤病，而碱性环境就完全不同了，除了要使用正确的浴液，还需要特别的营养管理，增强皮肤抵抗力，减少皮肤病的发生。给狗狗使用人类的香波洗澡，偏碱性的人类用香波会破坏狗狗皮脂腺和角质层水油平衡，很容易导致狗狗皮肤干燥、被毛干涩。所以一定要给狗狗选择专用香波。狗狗香波的分类越详细越好，比如贵宾犬专用香波、白毛犬专用香波等。过于频繁地给狗狗洗澡也没有什么好处，城市生活的狗狗，一般1个月洗1次澡就可以了，体味严重的狗狗每月洗2次澡足矣。

强大的，嗅觉系统

与人类主要用眼睛来观察四周环境不同，狗狗是红绿色盲患者，你以为它在四处张望时，它很可能是在用鼻子捕捉气味。它们会时刻保持鼻头湿润，以便最大限度地捕捉到气味分子。

狗狗的嗅觉器官主要是嗅黏膜，位于鼻腔上部，表面有许多皱褶，其面积约为人类鼻腔皱褶的4倍。狗狗鼻子腺体中有高达3亿个嗅觉细胞，是人类的60倍。狗狗的大脑容量是人类的十分之一，但是大脑中控制气味判断的嗅球却是人类的40倍。所以，即使东西不在视线范围内，狗狗也能轻松地闻到气味。据说，狗狗可以闻到15公里以外的气味。它甚至可以闻到发生在几天、几周或者几个月之前的气味。

狗狗这个超人本领，被人类用于搜救工作并且十分高效，一只搜救工作犬的搜索效率大约等于10个人。在美国，曾经有一个狗狗成功搜救的案例，十分感人。一位79岁高龄的老人，无意间走入一片40年无人光顾的原始森林，迷失了方向，被困在一棵老树下3天2夜，人几乎被冻僵，生命垂危。警方动用了直升机、志愿者和搜救队以及热感相机，试图找到她，但都毫无结果。后来，是一只叫Max（麦克斯）的搜救犬发现了她，及时挽救了她的生命。

狗狗选择食物，也主要依靠嗅觉。当嗅觉系统出现异常时，狗狗会出现食欲下降、食欲不振的现象。为狗狗制作食物时，也要考虑到这一点。狗狗最为在意的是食物的气味，而不是外观。

那么，狗狗都喜欢什么样的气味呢？在众多的气味中，蛋白质和脂肪的气味是狗狗的最爱，而这些气味大多存在于肉类等动物性食物中。

06 常见的狗狗饮食误区

了解了狗狗身体构造的奥秘后，我们还需要了解和熟悉生活中最常见的食材，哪些适合狗狗食用，哪些对于狗狗来说可能会有潜在的危险。首先，我们一起辨识一下常见的狗狗饮食误区。

狗狗不可以吃鸡蛋清

鸡蛋是世界上最完美的食物。鸡蛋中优质蛋白质含量高达10%以上，还有丰富的卵磷脂、维生素及多种矿物质和微量元素，营养非常全面。生鸡蛋可能携带沙门菌，会对狗狗的健康造成威胁。此外，生蛋清中的白蛋白酶会加速狗狗体内生物素的消耗，导致维生素H缺乏。所以，从安全性和营养吸收性的角度来说，不推荐给狗狗吃生鸡蛋，尤其是鸡蛋清。生鸡蛋清中的白蛋白酶经过高温加工之后会失去活性，所以给狗狗食用煮熟的鸡蛋就可以避免上述风险了。

狗狗吃得太油会引发心脑血管疾病

很多宠物主人认为过量摄入脂肪会引发狗狗的心脑血管疾病，但实际生活中，猫咪和狗狗得心脑血管疾病的案例非常少，目前没有证据表明高脂肪饮食会引发狗狗患心脑血管疾病的风险。当然，这并不代表我们提倡高脂肪饮食，饮食中脂肪含量过高会导致狗狗摄入热量过多，引发肥胖等问题，还会让狗狗的胰腺超负荷运转，导致急性或慢性胰腺炎。

狗狗吃大蒜可杀菌

虽然大蒜中的大蒜素具有杀菌作用，但大蒜中含有的硫化物会破坏狗狗的红细胞，引发出血、凝血障碍、贫血等问题，所以不宜给狗狗吃大蒜。生大蒜的辛辣味道会刺激狗狗的胃肠系统，引发肠黏膜损伤。做熟的大蒜，辛辣味变淡，刺激性变小，但杀菌作用也大大减弱。而且，即便是做熟的大蒜，有些小型犬也十分敏感。

狗狗吃鸡肝会中毒

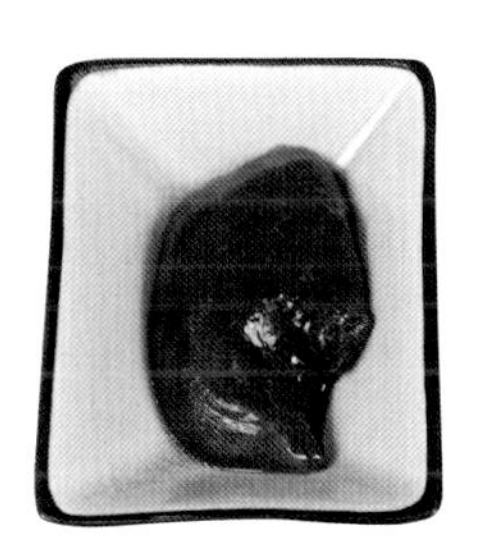

动物肝脏中含有非常丰富的维生素A，这是一种脂溶性维生素，需要在脂肪的共同参与下，才能够被身体吸收和利用，身体代谢不掉的部分则会暂存在肝脏中。如果维生素A长期大量积存在体内，可能有中毒的风险。很多宠物主人担心狗狗吃了动物肝脏会中毒，所以就索性选择拒绝这种食材。其实维生素A是狗狗皮肤和被毛健康必不可少的营养素之一，是狗狗视觉神经发育的保障，动物肝脏是补充维生素A的理想食材。总的来说，动物肝脏就像一把双刃剑，适量食用对狗狗有益，过量食用则有中毒风险。鸡肝和鸭肝的维生素A含量较低，可以作为狗狗的日常零食放心食用。对于一只成年犬来说，每周3小块鸡肝或鸭肝是安全的。

狗狗不可以喝牛奶

牛奶中的乳糖含量比狗狗母乳中的乳糖含量更高，所以很多狗狗会出现乳糖不耐受现象，但是有些狗狗喝牛奶后没有什么不良反应。若自家狗狗出现乳糖不耐受，可为狗狗选择低乳糖的乳制品。羊奶中的乳糖含量比牛奶略低，但在给狗狗喝羊奶时，也要注意观察狗狗是否有异常，确认安全后再进行常规的喂食。如果狗狗喝羊奶后也腹泻的话，就需要寻找一种乳糖含量更低的。可以尝试一下酸奶，酸奶大多用牛奶发酵而成，发酵后，乳糖含量大大降低，为牛奶的十几分之一，比羊奶还要低很多，大多数狗狗的不耐受现象都会消失。如

果狗狗食用酸奶这种低乳糖含量的食物后还会出现不耐受现象的话，说明狗狗对乳糖的接受能力较差，也有人称之为乳糖的完全不耐受。这样的狗狗，就要尝试着换成0乳糖的狗狗专用乳制品了。

07 7大营养素构建狗狗全面营养

要科学养狗，首先要了解狗狗需要摄取哪些营养素才能保证身体各项机能正常运行，其次还要了解这些营养素可以从哪些食物中获取。

狗狗对营养的需求受到4个因素的影响：年龄、体型、生活环境、身体状态。例如，幼犬所需要的营养要远远大于成年犬，大型犬所需要的营养要高于小型犬，生活在寒冷地区的狗狗所需要的热量要高于生活在城市中的狗狗等。

水分

水分是所有营养素中最重要的一种。成年犬体内水分含量约为60%，幼犬体内的含水比例会更高。机体内各种物质的新陈代谢、所有的生理活动都必须有水参加才能正常进行，水是机体不可或缺的组成成

分。一般情况下，成年犬每日每千克体重需要100毫升水，幼犬则需要150毫升。如果狗狗每日的饮水量过少，则会产生各类健康问题，短期缺水可能会导致狗狗活动力下降，长期缺水则可能会导致泌尿系统疾病和结石，所以一定要重视。

蛋白质

除水分以外，狗狗体内含量最多的物质是蛋白质。蛋白质是动物生命活动的基础，它构成了狗狗的皮肤、被毛、趾甲、内脏等，参与物质代谢的各种酶以及提高机体免疫力的抗体也都是由蛋白质组成的。机体各种组织的再生修复和更新过程也都需要蛋白质。而且，在能量供给不足的极端情况下，蛋白质还可以紧急供能。

蛋白质的主要食物来源为肉、蛋、奶等动物性食物和大豆等植物性食物。以肉类为主的喂养方式，既能最大限度地还原狗狗在自然界的生存方式，提高狗狗进食的愉悦感，又能保证营养摄取及转化效能，减少肠胃负担，大大减少发生疾病的概率。

蛋白质或者某种必需氨基酸供给不足，会使狗狗机体内的蛋白质代谢变成负平衡，狗狗会出现食欲下降、生长缓慢、体重减轻、营养不良、抵抗力下降等问题，严重时可能导致死亡；另一方面，蛋白质摄取过量也不是一件好事，不仅会造成浪费，还会造成狗狗机体代谢紊乱，加重肝肾负担，严重时可能引发酸中毒。

脂肪

脂肪是热量的重要来源，也是构成细胞和组织的重要组成部分，还是脂溶性维生素的溶剂。脂肪贮于皮下的脂肪层和机体内脏周围，具有保温和保护内脏器官的重要作用。脂肪进入体内后逐渐分解为脂肪酸和甘油，被机体吸收。无论是人还是狗狗，大量食用富含饱和脂肪酸的食物，如猪油、牛油、羊油等，会引起肥胖风险和血脂增高，增加相关疾病的发生概率，所以应该减少摄入。植物油中的不饱和脂肪酸含量丰富，饱和脂肪酸含量较低，有利于身体健康，所以建议每日膳食多以植物油作为脂肪酸的主要来源。下表为常见植物油如玉米油、大豆油、橄榄油等的脂肪酸含量。

常见油脂脂肪酸含量百分比图表（%）

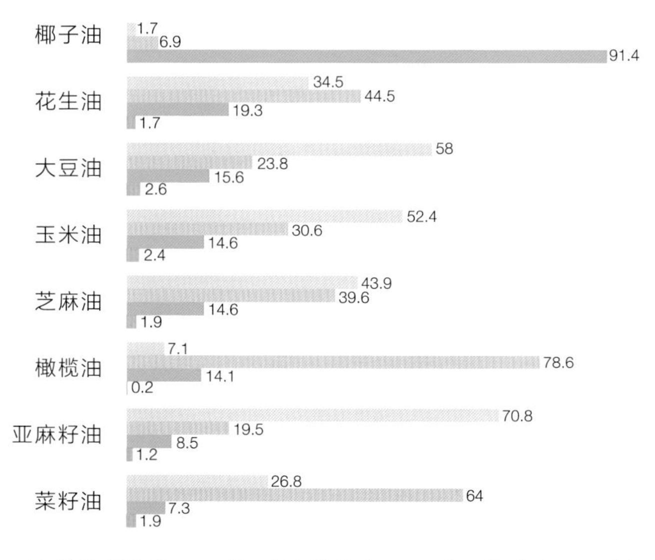

多不饱和脂肪酸　单不饱和脂肪酸　饱和脂肪酸　未知

（数据来源:《中国食物成分表》第6版第一册）

对于人和狗狗来说，大部分的脂肪酸在体内是可以自动合成的，但有一部分脂肪酸是机体不可缺少且不能在机体内合成或合成量不足，必须从食物中补充，我们将这种脂肪酸称作必需脂肪酸，主要是ω-6系列脂肪酸中的亚油酸（花生四烯酸）和ω-3系列脂肪酸中的亚麻酸，都属于多不饱和脂肪酸。ω-6脂肪酸和ω-3脂肪酸对狗狗被毛和皮肤的生长发育至关重要，同时脂肪还可增加食物的适口性。

如果狗狗的饮食中脂肪量不足，狗狗会出现疲倦无力、活动减少、皮屑增多、皮肤干燥、被毛干涩等问题。另一方面，狗狗进入人类的家庭尤其是城市家庭后，运动量大大降低了，所以在狗狗的日常饮食中需要合理控制脂肪含量。长期的高脂肪饮食会造成狗狗肥胖，进而导致代谢紊乱、胰腺炎、关节疾病等问题。

食物中的脂肪发生过氧化反应后，会破坏脂溶性维生素并降低蛋白质的可消化性，同时也会产生通常所说的“哈喇”味儿。如果主人不留意，长期给狗狗吃这类已经氧化、变质的食物，狗狗会出现大量掉毛、皮肤溃疡等问题，所以，最好将狗粮、零食保存在避光、干燥的环境中，同时尽量保持密封包装的状态，尽量减少与空气中的氧气接触；尽量选择小包装，随吃随开，保证食物的新鲜度。一般来说，购买大约够狗狗吃一个月的量即可，小型犬的狗粮可以选购1～3千克的包装，大型犬的狗粮可以选择10～15千克的包装。有些主人会用狗粮桶来存放狗粮，这种情况下最好将狗粮带原包装袋一起放入桶中，可以减少狗粮与空气中的氧气接触，降低狗粮被氧化的速度。狗粮的优良品质固然重要，正确的保存方法同样不容忽视。

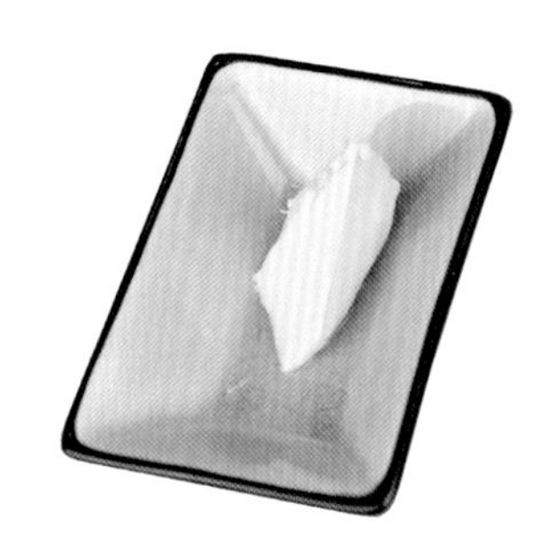

碳水化合物的主要作用是供给热量、维持体温，是机体重要的能源物质，是各种器官活动和运动的能量来源。碳水化合物的类型和在饮食中的比例，直接关系到热量摄入水平，影响血糖波动，影响胰岛素分泌水平。狗狗消化和利用碳水化合物的能力不强，过多或过少的碳水化合物对健康都是不利的。

如果碳水化合物供给不足，狗狗会出现生长迟缓、发育缓慢、容易疲劳等问题。很多现代城市人喜爱超小型狗狗，像吉娃娃、小鹿犬等，体型小巧可爱，主人往往宠爱有加，于是有的狗狗恃宠撒娇开始挑食。由于超小型狗狗身体中肌肉组织较少，肌肉中存储糖原的能力较弱，一旦出现挑食问题，过度饥饿就容易发生低血糖，严重的可能会导致休克甚至危及生命。

多余的碳水化合物将在体内转变成脂肪贮存起来。食物中过多的碳水化合物对于狗狗是不利的，会导致狗狗血糖波动，产生肥胖、糖尿病等问题。

人、狗、猫对三大宏量营养素需求差异示意图

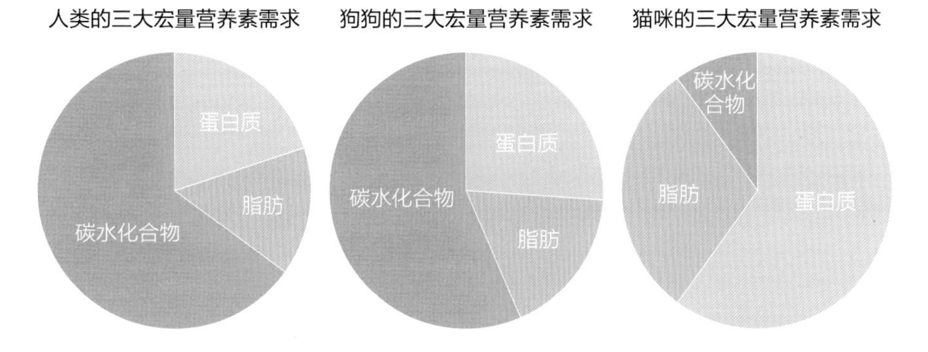

人、狗、猫对蛋白质、脂肪、碳水化合物三大宏量营养素的需求差异，决定了三者饮食结构的巨大差异

膳食纤维

膳食纤维是一种多糖，既不能被胃肠道消化吸收，也不能产生热量，在谷物类食材和蔬菜中含量丰富。膳食纤维增加食物的体积，增强饱腹感，有很强的吸水性，可以吸收胃和肠道内的水分，在大肠中可使粪便体积变大，加快蠕动，从而促进排便，改善便秘。膳食纤维被肠道内细菌分解后所产生的短链脂肪酸，可作为肠道细胞和细菌的热量来源，利于肠道内有益菌群的增多，对肠道整体健康十分有利。对于肠道内大多数细菌来说，充足的膳食纤维是它们的功能得以正常发挥的关键。富含膳食纤维的食物有：土豆、燕麦片、苹果、奇亚子、山药、芹菜、木耳、海带等。大多数的狗粮中，膳食纤维的含量一般在5%以下。对于纤维素有特别要求的高纤易消化处方粮，膳食纤维含量可能高达17%。

维生素

维生素是一系列有机化合物的统称。每一种维生素的每日需要量虽然不多，却担负着调节生理机能的重要作用。维生素不能提供热量，却是体内不可缺少的营养素，一般需要从食物中摄取。

维生素的种类很多，其中，能溶于水的称为水溶性维生素，包括B族维生素、维生素C等；能溶于脂肪的称为脂溶性维生素，有维生素A、维生素D、维生素E、维生素K等。

维生素A能够维持视力和上皮组织健康。动物肝脏、鱼肝油等含有丰富的维生素A。

维生素D可以促进钙磷吸收，强壮骨骼。鸡蛋、动物肝脏中含有维生素D。

维生素E具有抗氧化作用，阻止细胞膜上多不饱和脂肪酸的脂质过氧化反应。花生、大豆油、芝麻油等植物性食物中的维生素E含量较高。

维生素K参与凝血活动。绿叶蔬菜中含量较高。

维生素C最主要的功能是参与胶原蛋白合成，是皮毛和软骨胶原蛋白的重要成分。维生素C是水溶性维生素，几乎不在体内储存，需要每天从食物中补充。蔬菜和水果是主要的食物来源。

B族维生素参与蛋白质合成和代谢，对皮肤、肠道、造血功能、肝脏等有着重要的作用。B族维生素在体内滞留的时间只有数小时，且全是水溶性维生素，会随着尿液排出体外，所以也需要每天从食物中补充。主要食物来源是蔬菜、水果、动物肝脏等。世界公认的B族维生素有12种以上，其中常见的有8种：维生素B_1（硫胺素）、维生素B_2（核黄素）、烟酸、泛酸、维生素B_6（吡哆醇）、维生素B_{12}、叶酸、生物素。

矿物质

矿物质也是很重要的营养素，它们不产生热量，也不能相互转化和代替，但可能是动物机体如骨骼等的主要成分，或者是维持酸碱平衡和渗透压的基础物质，还有可能是许多酶、激素的主要成分，在促进新陈代谢、血液凝固、神经调节和维持心脏的正常活动中都起着重

要的作用。人体所需的矿物质按照需要量分为常量元素和微量元素，其中常量元素有钙、磷、钾、钠、氯、镁、硫，微量元素有铁、铜、锰、锌、硒、碘等数十种。

钙和磷是两种最常见的矿物质，良好的钙和磷摄入比例会提高钙的吸收率，有利于狗狗的骨骼发育。幼龄狗狗缺乏钙和磷容易发生佝偻病；成年狗狗缺乏钙和磷则可能发生骨质疏松等问题。一般来说，狗粮中钙磷比例控制在2：1范围内，更有利于钙的吸收率。

狗狗体内不具备贮存钠的能力，所以容易缺钠；其次是氯，也容易出现这个问题。狗狗体内缺乏钠和氯时，会出现食欲不振、疲劳无力、饮水减少、皮肤干燥、被毛脱落、生长缓慢或体重下降等健康问题，所以适当补充食盐也是补充钠和氯的很好方法。

钾是调节细胞内外渗透压、调控酸碱平衡和离子平衡、维持机体正常新陈代谢、保持神经肌肉的应激性和正常功能、维持心肌功能不可或缺的矿物质。钾过量或缺乏均会导致心律失常。

镁是维持神经、肌肉和心脏应激性的重要矿物质之一。镁离子是多种酶的激活剂，广泛参与机体的新陈代谢。但摄入过多的镁会导致结晶体增加和患结石的风险。特别是患有鸟粪石结石的狗狗，应限制食物中的镁含量，一般建议选择镁含量在千分之一以下的狗粮。

硫在蛋白质结构和酶的活性中有着重要作用，它几乎参与所有的机体代谢过程。硫主要来源于蛋白质中的含硫氨基酸、游离含硫氨基酸以及其他一些低分子量的含硫化合物。肉、蛋等动物性食物中含硫丰富。

锌是动物体内多种酶的组成成分，能维持上皮细胞和被毛的正常形态、生长和健康。锌缺乏时，面部、趾端、掌部及腹部的皮肤会出现干燥、增厚并形成痂皮、脱毛、角化不全和皮肤溃疡等问题。动物内脏、红肉、贝类的锌含量丰富。市场上的补锌剂有很多种，各种产品的锌吸收率不同，与蛋白质结合的螯合锌更利于狗狗吸收。螯合锌和亚油酸结合在一起，有利于狗狗被毛的亮泽。

铜能维护犬毛的正常色素和组织构成。狗狗体内缺铜时，表现为毛脱色、毛弯曲度消失、角化不全、被毛脱落、色素欠缺等。

铁是动物体内含量最多的微量元素，是红细胞成熟过程中合成血红蛋白必不可少的原料。狗狗的饮食中缺铁会导致缺铁性贫血，影响机体的免疫力。食物中的铁有血红素铁及非血红素铁两大类，血红素铁容易被机体吸收，吸收率约为非血红素铁的5倍。血红素铁主要来源是动物肝脏、瘦肉、血、鱼等；非血红素铁多来源于植物，如豆类、绿叶菜、木耳、海带、紫菜等。

硒是动物和人体中一些抗氧化酶的重要组成部分，人和动物体内需要微量的硒，量不多但不可缺乏。硒能清除体内自由基，提高细胞抗氧化能力，提高免疫力；硒还可以保护人和动物的视网膜，增强玻璃体的光洁度，提高视力，有防止白内障的作用。常见食物中硒含量较高的有海产品、食用菌、瘦肉、禽蛋、西蓝花、紫薯等。

碘和甲状腺的功能有密切关系。碘不足或过量都会导致甲状腺功能异常。甲状腺是人和动物体内分泌系统中重要的内分泌腺体，有调节体内激素水平的重要作用。海产品尤其是藻类中的碘含量丰富。

08 狗狗四季饮食法则

一年之间，春、夏、秋、冬四季交替，大自然赋予我们不同温度和食物，狗狗的身体也会随之发生改变，所以我们对狗狗的身体及饮食的照顾也需要随着季节的改变而调整，让狗狗可以健康地享受四季美好时光。

春季

春季万物复苏，狗狗进入发情期，生理上的变化导致其行为改变，狗狗特别容易走丢，所以出门一定要系好牵引绳，尤其是公狗，对它们来说，没有什么比发情的母狗更具诱惑力的了。

春天是狗狗换毛的季节，需要每天梳毛。尤其是长毛犬，打结的毛为体外寄生虫和真菌的繁殖提供了有利场所，容易引起皮肤病，皮肤瘙痒时狗狗过度抓挠容易引起细菌感染。春天要注意为狗狗做体内外驱虫，以避免受到寄生虫的伤害。

春天，狗狗比较容易发生皮肤干燥、呼吸道疾病，如感冒和咳嗽。在饮食上，除了保证狗狗基本的优质蛋白质和脂肪酸外，要多以颜色较深的黄绿色蔬菜为主，如南瓜、菠菜、胡萝卜、番茄、菜花等，这类蔬菜富含维生素C和β-胡萝卜素，有助于提高免疫力和保护皮肤表层细胞健康。

夏季

夏季气候炎热，空气潮湿，要注意给狗狗做好防暑、降温、防潮，预防食物中毒。

夏天狗狗经常伸出舌头来帮身体降温，大型犬还会产生大量口水。尤其是金毛、萨摩耶等长毛狗狗，脖子和前胸的毛被口水浸湿后，透气性变差，特别容易导致皮肤问题，所以夏天需要每天至少梳毛1～2次，加强透气性。

高温季节，狗狗身体上的各种分泌物会增加，应注意经常清洗狗狗的眼睛和耳朵，防止湿疹和细菌滋生。

夏季气温高，食物容易变质，不可在食盆中长时间存放，狗狗吃变质食物可能会引起食物中毒。

夏季天气炎热，狗狗食欲也会减退。夏季最好能保持较为清淡的饮食，增加新鲜蔬菜和凉性食材。鸭肉、兔肉等都是夏季理想的肉类食材。天气炎热，狗狗的饮水量增加，应保证每天给狗狗供应充足而干净的饮水，也可以给狗狗煮一些菊花水、柠檬水或者绿豆汤，解暑降温、缓解体内燥热。

给狗狗吃冷饮不可贪凉、过量，否则容易导致腹泻等消化系统疾病。

秋季

秋季是一年中第二个繁殖和换毛季节，养护方法与春季相似。深秋时节，昼夜温差大，要做好保暖工作，防止狗狗感冒。

秋季是收获的季节，蔬菜、水果特别多，大白菜、小白菜、白萝卜、山药、菜花、梨等不仅可以滋阴润肺，还富含膳食纤维，可提供营养和增强肠胃蠕动性，促进肠道健康。菌菇类蔬菜富含多糖物质，有助于增强呼吸道健康、提高免疫力，对高龄狗狗和患有慢性疾病的狗狗十分有利。

冬季

冬季天气寒冷，机体受冷空气袭击，狗狗容易患气管炎、肺炎等呼吸道疾病，所以对狗狗的照顾重点应放在防寒保暖、预防呼吸道疾病等方面。

有阳光的日子，可以让狗狗多晒太阳。阳光中的紫外线有消毒、杀菌的功效，还能使皮肤中的7-脱氢胆固醇转化为维生素D，促进钙质吸收，有利于骨骼的生长发育。

冬天天气寒冷，人们的户外活动时间大大减少，狗狗的运动量也大大降低，所以应尽量多给狗狗吃一些富含膳食纤维的食物，促进肠道蠕动，保证排便畅通，防止出现便秘等问题。

肠胃脆弱的狗狗要多吃温和的食物，如羊肉、鸡肉、南瓜、燕麦、木瓜等，少吃寒凉的水果和蔬菜。可以多给狗狗吃三文鱼、鳕鱼、青鱼等，补充ω-3脂肪酸，帮助滋养皮肤和被毛。富含抗氧化剂的食物对改善关节炎症和提高免疫力同样非常有效，可以多给狗狗食用一些富含维生素C和维生素E的蔬果，如菜花、圆白菜、胡萝卜、南瓜、苹果、菠菜等，以及富含花青素的紫色食物，如紫薯、紫甘蓝和紫米等。

09 11大类狗狗健康食材清单

天然食材中蕴含着各种各样丰富而优质的营养物质，了解并熟悉身边最为常见的食材，是每一位希望给狗狗享用天然健康饮食的主人的必修课。接下来让我们一起走近天然食材，了解它们的神秘特性吧。

肉类

肉类含有丰富而优质的动物蛋白，是狗狗健康成长最基础的营养来源。与植物蛋白相比，肉类中的动物蛋白更容易被狗狗的肠胃消化和利用，我们给狗狗设计日常餐单时，应尽量遵循以肉类为主的配比原则，保证有充足而优质的蛋白质来源，这也是优质狗狗食物的标准之一。

需要注意的是，有些狗狗可能会对大分子的蛋白质产生不良反应，也就是我们常说的食物过敏。一项测试发现，易引起狗狗食物过敏的蛋白质来源依次为：牛肉、羊肉、鱼肉、禽类、小麦。牛肉竟然是肉类中过敏率最高的！不过，大家不用过于担心，过敏是身体免疫细胞对大分子蛋白质发出的预警信号，我们在给狗狗初次食用某种食物时注意观察即可。如果狗狗发生过敏，表层的皮肤会出现瘙痒、红肿的现象，停止喂食这种食物后，症状会逐渐减轻或消失。动物医学上会使用食物排除法来进行食物过敏症的确诊，必要时可以向专业的宠物医生进行咨询。如果确认狗狗对某种食物过敏，平时就要避免给狗狗吃含此类食材的食物，用营养成分类似的其他食材代替。

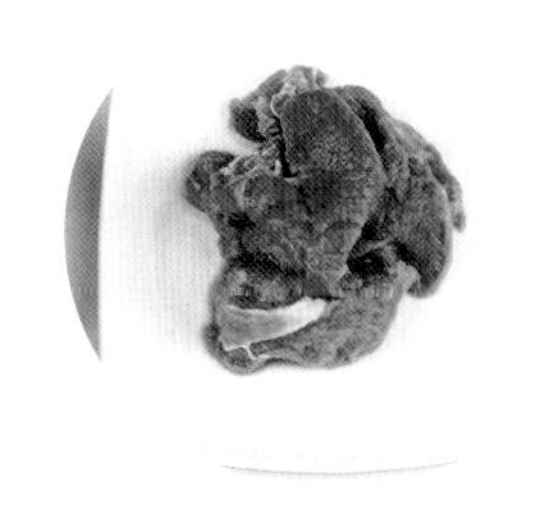

(1)牛肉

牛肉含有丰富的蛋白质和均衡的氨基酸，是提高免疫力的最佳食材。牛身上不同部位的肉质、口感以及营养素的含量差异明显。我一般会选择肥瘦相间或者瘦肉较多的部位给狗狗食用，其蛋白质含量较高、脂肪含量较低，是比较理想的。例如，牛里脊中含有高达26%的优质蛋白质，脂肪含量却很低。牛肉中的肌氨酸和肉毒碱可以提高脂肪的代谢速度，是幼犬成长过程中肌肉合成时最为理想的食材。食用牛肉还可以避免发胖的风险，对需要减肥的狗狗来说，是再好不过的选择。牛肉中的铁含量丰富，可以增加红血细胞的合成能力，促进造血功能的提高，给怀孕期或哺乳期的母犬食用牛肉可以降低贫血风险，同时提高犬宝宝的整体免疫力。需要注意的是，牛肉是狗狗食物过敏概率最高的肉类，所以在初次给狗狗吃牛肉时要注意观察，确认没有不良反应才可以放心纳入狗狗食谱。

食用建议：选择瘦肉的部位，且初次食用时需要注意观察狗狗是否出现食物过敏症状。

(2)羊肉

羊肉中的蛋白质、钙、铁含量比牛肉要高，可以增加消化酶，保护肠胃，帮助消化。羊肉是温性的食材，特别适合冬天寒冷的地区食用，可以益气补虚，增强身体的御寒能力。不过，食用过量有可能导致狗狗上火，出现尿液颜色变深、眼睛分泌物过多等现象。

食用建议：食用时可以搭配凉性的蔬菜，如黄瓜、冬瓜、番茄、芹菜等。

(3)猪肉

在欧美一些国家，猪肉的产量较低，而牛肉和鱼类的产量较高，所以人们的饮食中猪肉比牛羊和鱼类要少很多。受此影响，宠物食品中使用猪肉作为食材的情况非常少见。

中国是猪肉产量较高的国家，因此，中国的宠物主人免不了给狗狗吃一些猪肉。

猪肉含有丰富的维生素B_1，参与糖在人体内的代谢，同时也能抑制胆碱酯酶活性。不同部位猪肉的营养成分差异较大，例如，猪里脊含有高达26%的优质蛋白质而脂肪含量只有5%；肥肉较多部位的蛋白质含量只有13%而脂肪含量高达27%，脂肪摄入量过高有肥胖和患胰腺炎的风险，而且猪肉的脂肪分子略大，不利于狗狗消化吸收，过量食用有腹泻风险。所以应尽量选择瘦肉部位给狗狗食用。

食用建议：尽量选择瘦肉部位，切成小块或绞成肉泥，高温加工成熟后给狗狗食用。

（4）鸡肉

鸡肉中的蛋白质含量非常高，脂肪含量较低，容易消化，适合幼年期、老年期、病后及产后的狗狗食用。鸡肉中的磷含量是肉类中较高的，比较适合与高钙饮食搭配，提高钙的吸收率，有利于骨骼生长发育。

食用建议：最好选用鸡胸肉或者鸡腿肉。切记不要将煮熟的、带有骨头的鸡肉给狗狗食用，以免划伤消化道。

（5）鸭肉

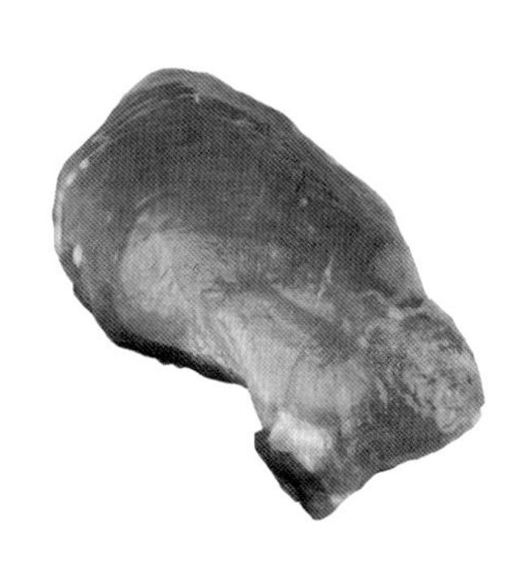

鸭肉不仅含有丰富的优质蛋白质，B族维生素和维生素E的含量也比较高，能够有效提高细胞的抗氧化能力，减少炎症。B族维生素还是提高皮肤抵抗力的关键营养来源，有利于狗狗皮毛健康。鸭肉是凉性的食材，比较适合在炎热的夏季食用，燥热体质的狗狗可多食用。

食用建议：选择鸭胸脯和鸭腿肉等部位，去掉骨头后切成小块，蒸熟或煮熟后给狗狗食用。

（6）鱼肉

鱼肉富含高质量、易消化的优质蛋白质和优质脂肪，可以提供多种必需氨基酸和脂肪酸，无论是淡水鱼还是海鱼，营养价值都非常高。值得注意的是，有些鱼的刺粗而坚硬，建议去刺后再给狗狗吃，以避免卡住喉咙和划伤消化道。

三文鱼属于深海鱼类，三文鱼肉中含有丰富的蛋白质和脂肪，是众所周知的美毛食材。三文鱼脂肪中富含不饱和脂肪酸ω-3，其中的EPA（二十碳五烯酸）、DHA（二十二碳六烯酸）可以调控体内炎症介质的产生，有效减少皮肤和体内炎症的发生。三文鱼中还含有丰富的虾青素，是非常珍贵的抗氧化成分，有助于提高机体免疫力，提高抗病力，对整体健康有着特别重要的意义。

鳕鱼肉含有丰富的蛋白质，脂肪含量非常低，是一款非常理想的低脂食材，特别适合那些担心发胖的狗狗。鳕鱼肝脏是提取鱼肝油的主要来源，含有丰富的维生素A和维生素D，有助于眼睛和视觉神经的生长发育及钙质的吸收。

食用建议：注意将鱼骨打碎或者剔除后再给狗狗吃，保护消化道不被划伤。

（7）兔肉

兔肉属于高蛋白质、低脂肪、低胆固醇的肉类，有荤中之素的美称。每100克兔肉中含有19.7克优质蛋白质，脂肪含量却只有2.2克，是典型的低脂肪、高蛋白的天然食材。兔肉中还含有丰富的卵磷脂，有益于狗狗被毛和皮肤健康。不仅如此，兔肉的消化率还特别高，消化系统脆弱的狗狗食用兔肉，既可以获取到丰富的营养，又可以减少肠胃的消化负担。

食用建议：宜去骨后加工和食用，是患糖尿病和肥胖狗狗的理想食材。

（8）动物肝脏

动物肝脏是补铁佳品，猪肝是常见动物肝脏中含铁量较高的。动物肌肉和肝脏中的血红素铁能更好地被人和动物吸收，可以促进血红蛋白合成，预防缺铁性贫血，还可以增强机体免疫力，提高抗病能力。

每100克动物肝脏可食用部分的营养含量

名称	蛋白质（克）	脂肪（克）	维生素A（微克）	铁含量（毫克）	热量（千卡）
鸭肝	14.5	7.5	1040	23.1	128
猪肝	19.2	4.7	6502	23.2	126
鸡肝	16.6	4.8	10414	16	121
牛肝	19.8	3.9	20220	6.6	139
羊肝	17.9	3.6	20972	7.5	134

（数据来源：《中国食物成分表》第6版第二册）

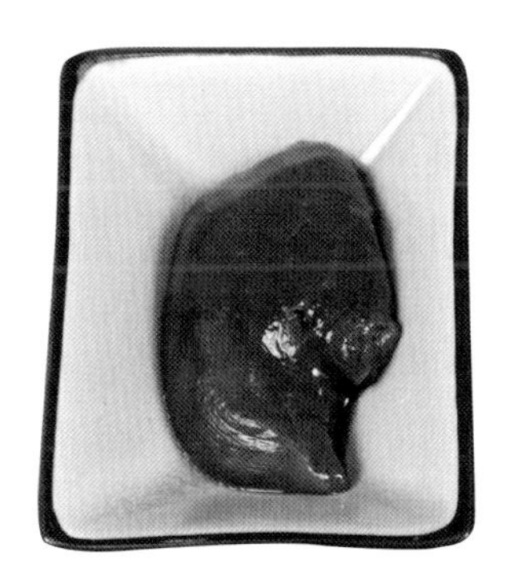

动物肝脏是维生素A的主要来源。维生素A是视觉神经和皮肤表层的角质细胞生长发育必需的营养素，缺少维生素A后，狗狗可能会出现夜视能力下降、皮肤掉毛和大量皮屑产生等问题；另一方面，长期过量摄入维生素A，很可能会有中毒风险。在诸多动物肝脏中，鸭肝和鸡肝的维生素A含量较低，每周给狗狗吃2～3块煮熟的鸡肝或鸭肝，就可以满足身体对维生素A的需求。

食用建议：煮熟后食用，且不可过量。

（9）动物软骨

动物软骨中含有丰富的酸性糖胺多糖和硫酸软骨素，这两种成分也被广泛应用于人和动物的软骨营养补充剂类食品中。比如我们熟知的鲨鱼软骨素就是由鲨鱼软骨中提取的，用于提高关节软骨组织健康，是退行性关节疾病的营养补充剂。

食用建议：动物软骨如鸡软骨、猪软骨，可以切成小块加入到鲜食或汤羹中，也可以打碎后加入辅食中，这样既可保证食用时安全，又能够让狗狗获得营养。

蛋奶类

（1）鸡蛋

鸡蛋含有高达12%的蛋白质，营养丰富，是最理想的食物。鸡蛋的各部分都富含营养，例如，蛋黄中含有丰富的卵磷脂和微量元素，可以滋养狗狗的被毛，使被毛更亮丽；蛋壳的主要成分是碳酸钙，是促进骨骼生长发育的物质（可以将蛋壳磨成粉后拌在食物中给狗狗补钙）。

食用建议：为了保证食用的安全性，鸡蛋需要煮熟后再给狗狗吃。

（2）酸奶

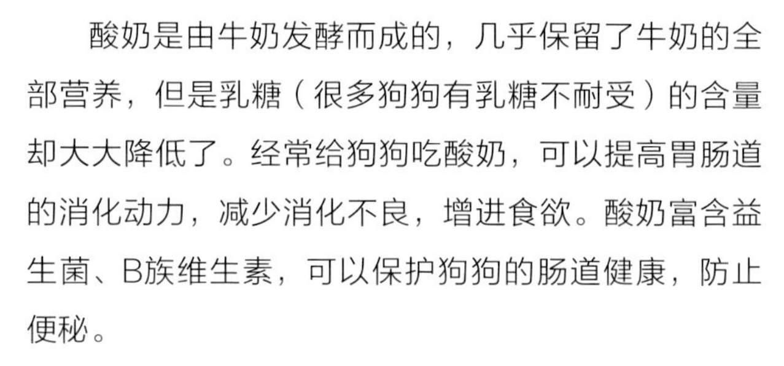

酸奶是由牛奶发酵而成的，几乎保留了牛奶的全部营养，但是乳糖（很多狗狗有乳糖不耐受）的含量却大大降低了。经常给狗狗吃酸奶，可以提高胃肠道的消化动力，减少消化不良，增进食欲。酸奶富含益生菌、B族维生素，可以保护狗狗的肠道健康，防止便秘。

标注为“酸奶饮料”的饮品，通常加入了大量的糖和食品添加剂，并不是健康的天然乳制品，而且营养价值低，不适合给狗狗吃。

食用建议：不要给狗狗吃任何含有代糖的酸奶。少量的木糖醇等代糖物质就有可能造成狗狗低血糖，导致死亡。

（3）奶酪

奶酪由牛奶经过发酵和熟化后烘干而成，营养特别丰富，有“奶黄金”之称。奶酪中除了含有丰富的蛋白质、脂肪，微量元素及钙的含量也十分丰富，是非常理想的营养补充食品。奶酪中的有益菌可以提高狗狗的消化能力，为肠道微生物提供营养，增加有益菌群，提高肠道的抗病能力。

食用建议：尽量选择原味、无添加奶酪产品。市售的再制型干酪中含有较多的食品添加剂和胶质成分，并不是优质的奶酪品种。

（4）羊奶、羊奶粉

羊奶中的乳糖含量比牛奶要稍微低一些，比较接近狗狗母乳中的乳糖含量，相对来说，出现乳糖不耐受的概率会下降，但在第一次在给狗狗食用羊奶时，也要从少量尝试开始并注意观察是否有乳糖不耐受表现。

黄绿色蔬菜类

（1）胡萝卜

胡萝卜中含丰富的β-胡萝卜素，具有提高免疫力和保护黏膜的功效。β-胡萝卜素在狗狗体内可以转化成维生素A，为眼睛和视觉神经的生长发育提供营养。β-胡萝卜素还有助于皮肤角质层的健康，提高皮肤的抗病能力，减少掉毛和皮屑。

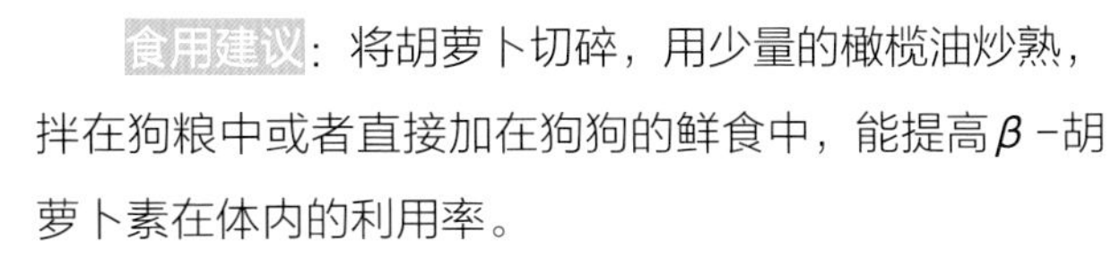

食用建议：将胡萝卜切碎，用少量的橄榄油炒熟，拌在狗粮中或者直接加在狗狗的鲜食中，能提高β-胡萝卜素在体内的利用率。

（2）南瓜

南瓜和胡萝卜一样，含有丰富的β-胡萝卜素。此外，南瓜中的南瓜多糖是一种非特异性免疫增强剂，能提高机体免疫力。南瓜还含有丰富的果胶等膳食纤维，具有保护胃黏膜和促进肠道蠕动的重要作用，可减少便秘的发生。适合中老年狗狗、需要减肥的狗狗、患有糖尿病的狗狗食用。

食用建议：洗干净后，不去皮，直接蒸或煮熟后给狗狗吃。

（3）芹菜

芹菜含有膳食纤维和多种维生素，不仅能补充维生素，还能帮助狗狗改善肠内环境，促进肠道蠕动，防止便秘产生。

食用建议：生芹菜有点苦涩，给狗狗制作鲜食时，要煮熟、切碎后再给狗狗吃。

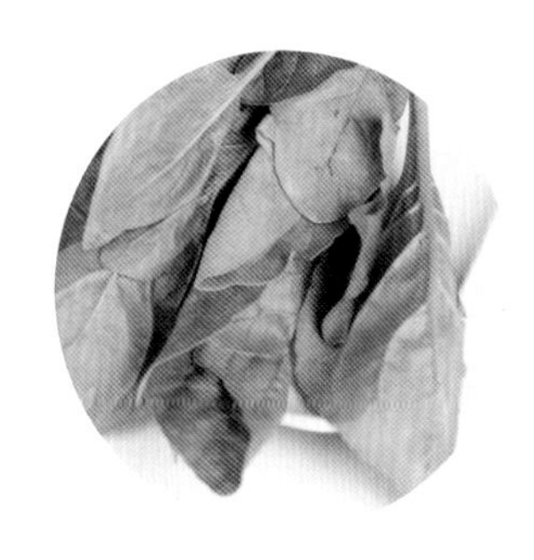

（4）菠菜

菠菜中含有丰富的β-胡萝卜素和维生素E，B族维生素含量也比较丰富，对于狗狗皮肤、被毛健康的意义重大。菠菜中草酸的含量较高，草酸与食物中的钙结合，有可能形成草酸钙结晶，是狗狗泌尿系统结晶的主要成分之一，所以，为了避免各种结石，菠菜应用沸水焯过后再给狗狗吃。

食用建议：焯水后食用。

（5）小白菜

小白菜富含维生素C，可促进皮肤细胞代谢，提高机体免疫力；含钙量高，是补充钙质的理想食材；丰富的膳食纤维能促进肠道蠕动，保持大便通畅。

食用建议：焯水时间不可过长，否则会使维生素C大量流失。切碎后给狗狗吃。

（6）番茄

番茄含有丰富的胡萝卜素、番茄红素。番茄红素能有效清除体内的自由基，预防和修复细胞损伤，抑制DNA的氧化，降低癌症的发生率。番茄中还含有丰富的苹果酸和柠檬酸等有机酸，有增加胃液酸度、帮助消化、调整胃肠功能的作用。

食用建议：最好能做熟后再给狗狗吃。购买时要挑选完全成熟的番茄，因为没成熟的番茄营养价值低，还有一定的毒素，食用后有一定的风险。

（7）秋葵

秋葵中含有丰富的果胶和黏蛋白，有助于保护胃黏膜、促进胃液分泌、改善消化不良、提高食欲，有助于胃炎和胃溃疡的修复。果胶和黏蛋白还能减缓机体对糖分的吸收，降低对胰岛素的需求，维持血糖值平衡，对患有糖尿病的狗狗十分有益。

食用建议：秋葵性寒凉，脾胃虚弱的狗狗不宜多吃。

（8）西芹

大自然中的很多天然草本香料都非常适合添加在狗狗的日常餐食中，西芹就是其中之一。它是一种香辛类叶菜，有天然香气，不仅可以去除肉的腥味，增加风味，还含有铁、维生素C等营养物质，添加在狗狗的日常餐食中，不仅可以补充营养，还有助于增进食欲、祛除口臭。

食用建议：将新鲜西芹切碎后拌入狗粮或鲜食中。

（9）西蓝花

西蓝花的营养十分全面，主要包括蛋白质、碳水化合物、矿物质、维生素C和胡萝卜素等。据分析，每100克新鲜西蓝花的花球中含蛋白质3.5～4.5克，是菜花的3倍、番茄的4倍。西蓝花中矿物质成分比其他蔬菜更全面，钙、磷、铁、钾、锌、锰等含量都很丰富，比同属于十字花科的菜花高出很多。西蓝花还含有丰富的维生素C，能增强肝脏的解毒能力，提高机体免疫力。

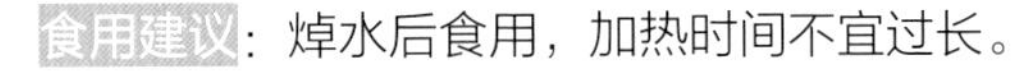

食用建议：焯水后食用，加热时间不宜过长。

（10）紫甘蓝

紫甘蓝的营养丰富，维生素C、β-胡萝卜素、维生素E、花青素苷和纤维素等的含量都较高。现代医学研究发现，紫甘蓝、圆白菜、西蓝花、菜花、抱子甘蓝、羽衣甘蓝等十字花科蔬菜中所含芥子油苷是一种超级抗癌成分。

食用建议：生吃是最好的，如果不喜欢生吃，可短时间焯一下水，减少营养成分的损失。

（11）西葫芦

西葫芦中的水分含量高达94.9%，是含水量最高的蔬菜之一，热量非常低。西葫芦中维生素C、钙含量较高，营养价值较高。西葫芦中含有非常丰富的膳食纤维，能够促进胃肠蠕动，预防便秘。西葫芦中还含有葫芦巴碱，能促进体内胰岛素分泌，有助于防治糖尿病。

食用建议：少量生食或加热做熟后给狗狗吃。

（12）黄瓜

黄瓜含水量高达95.8%，富含维生素C、维生素E、胡萝卜素、烟酸、磷、铁等营养成分。黄瓜肉质脆嫩，汁多味甘，生食生津解渴，且有特殊芳香，是全国各地都很常见的蔬菜之一。

食用建议：少量生食或加热做熟后给狗狗吃。

（13）甜椒

甜椒富含维生素C、B族维生素及β-胡萝卜素，其维生素C含量远胜于其他柑橘类水果。维生素C和β-胡萝卜素属于抗氧化剂，有助于预防白内障、心脏病和癌症的发生。甜椒还含有丰富的膳食纤维，可以促进肠道蠕动，帮助减肥。甜椒的热量低，甜椒越红其营养价值越高，是非常适合生吃的蔬菜。

食用建议：生食或者短暂焯水后给狗狗吃。

（14）生菜

生菜中含有丰富的水分、维生素和膳食纤维，其中的甘露醇成分有利尿和促进血液循环、清肝利胆及养胃的功效。生菜常被用于生食的沙拉菜品中，也可以短时间焯水后食用，与肉类搭配也很理想。

食用建议：生食或者短暂焯水后给狗狗吃。

浅色蔬菜类

（1）大白菜

白菜中含有维生素C和钙、锌，还富含膳食纤维及大量的水分，有助于增强抵抗力、防止便秘和补钙。白菜口感偏甜，是很多狗狗喜欢生吃的蔬菜之一。

食用建议：可以直接给狗狗吃。

（2）圆白菜

圆白菜又叫高丽菜、卷心菜，富含维生素C，有助于提高机体抗氧化能力和免疫力；还含有一种植物杀菌素，有抑菌消炎的作用。圆白菜中含有一种特别的维生

素U，能够快速修复黏膜的溃疡性损伤，加速创伤的愈合，强健肠胃黏膜。

食用建议：切碎或搅碎后给狗狗吃，焯水时间不可过长。

（3）菜花

菜花中富含维生素C和维生素E，有助于提高机体的免疫力、增强肝脏的解毒功能；菜花中的萝卜子素有分解致癌物的作用，可以降低癌症的发病率；菜花含水量较高，富含膳食纤维，具有很强的饱腹感。

食用建议：不可高温烹饪，切碎后给狗狗吃。

（4）冬瓜

冬瓜含有多种营养素和大量水分，热量很低，有助于消炎、利尿、消肿。冬瓜中还含有天门冬氨酸，对心肌有保护作用，参与降低血液中的氮和二氧化碳含量，修复受损的肝脏细胞，对患有肝脏疾病的狗狗特别有益。冬瓜是典型的高钾低钠蔬菜，非常适合患有肾脏病、身体浮肿的狗狗食用。

食用建议：可以带皮煮水，或者带皮切碎后做熟给狗狗吃。

菌菇类

在狗狗食用菌菇类这件事情上，一直存在争论，其中最重要的原因是野外可能遇到有毒的蘑菇。其实，从食物成分上看，没有毒的、可食用的菌菇对健康是有益的，可以适量给狗狗吃一点。

（1）香菇

香菇是一种高蛋白、低脂肪，含多糖、多种氨基酸和多种维生素的菌类食物。香菇含有多种矿物质，有助于促进机体新陈代谢、提高机体免疫力。香菇中还含有丰富的膳食纤维，经常食用能改善肠道环境、防止便秘，而且有助于保持血糖平稳，适合患有糖尿病的狗狗食用。

食用建议：脾胃寒湿和有皮肤病的狗狗不宜食用。

（2）木耳

木耳中含有丰富的蛋白质、多种维生素及矿物质，尤其含有丰富的铁。木耳的膳食纤维含量丰富，能够促进胃肠蠕动，对任何无意识食入的沙子、金属屑等有黏合包裹与促其排泄的作用。木耳中所含的木耳多糖可调节机体免疫力，抑制癌细胞增殖，起到预防癌症的作用。

食用建议：木耳不可生食，要加热做熟后再食用。木耳不宜泡发时间过久，否则会产生毒素。此外，木耳不易消化，需要切碎后再给狗狗吃。

海藻类

（1）海带

海带又称昆布，含有丰富的碘等矿物质。缺碘会造成甲状腺肿大，还有可能出现甲状腺功能减退（甲减）的情况，没有充沛的精力，精神比较萎靡，容易患病。但患有甲状腺功能亢进（甲亢）的狗狗要注意少吃海带。海带中的甘露醇能利尿、消肿，对治疗急性肾功能衰退有辅助作用。

食用建议：患有甲亢或者脾胃虚寒的狗狗应少食用海带。

（2）紫菜

紫菜是生长在潮间带的海藻，富含蛋白质、铁、磷、钙、维生素B_2、胡萝卜素等，蛋白质含量高达20%，比一般的蔬菜要高很多，但是海藻所含热量很低，所以说是一种非常理想的健康食品。紫菜中富含微量元素和矿物质，有利于改善狗狗的皮肤状态，增强被毛的光泽。

紫菜烤熟之后，质地脆嫩，入口即化，特别是经过调味处理之后，添加了油脂、盐和其他调料，就摇身变成了特别美味的“海苔”了。

食用建议：给狗狗吃无盐海苔。可以打成粉，作为日常的美毛粉食用。

（3）螺旋藻

螺旋藻中60%的成分是蛋白质，且含有丰富的B族维生素和钙、铁、锌等矿物质。螺旋藻中含有极为丰富的铁和叶绿素，有助于防治贫血。螺旋藻中特有的藻蓝蛋白和海藻多糖能够提高淋巴细胞活性，调节免疫力。

食用建议：新鲜的螺旋藻在国内市场上很少见，可使用供人类食用的螺旋藻片剂和粉剂（小型犬最好使用粉剂），每天在狗粮或狗饭中加一点点（约1克）即可。

根茎类

（1）白萝卜

白萝卜含芥子油、淀粉酶和粗纤维，具有增强食欲、加快胃肠蠕动、促进消化的作用。狗狗消化不良或食欲不佳，都可以用白萝卜来改善。此外，白萝卜有利尿作用，对预防水肿和泌尿系统结石非常有益。

食用建议：狗狗可能不喜欢白萝卜的辛辣味，可以用白萝卜煮水给狗狗喝，若再加一点蜂蜜，狗狗会更喜欢。

（2）土豆

土豆又称马铃薯，含有丰富的蛋白质且消化率高，不会给肠胃造成消化负担。土豆中的膳食纤维具有较强的吸水性，可以增加饱腹感，适合需要减肥的狗狗食用。现在很多所谓的无谷狗粮，都是使用土豆来代替谷物，降低谷物过敏的概率。

食用建议：去皮，煮熟、烤熟后给狗狗吃。

（3）红薯

红薯的含糖量达15%～20%，是天然的甜味食物，也是狗狗钟爱的美味之一。

红薯富含蛋白质、碳水化合物、膳食纤维、维生素及多种矿物质，是一种非常理想的健康食物。红薯含丰富的膳食纤维，不易被消化酶破坏，能刺激消化液分泌及肠胃蠕动，缩短食物中有毒物质在肠道内滞留的时间，起到减少便秘和通便作用。红薯中所含的黏蛋白，是一种多糖与蛋白质混合物，具有很好的降血脂和增强免疫力的作用。

红薯中还含有气化酶，会在肠道内产生二氧化碳，所以一次不要吃得过多以免不适。此外，有草酸钙结石的狗狗要少吃红薯。

紫薯除了有红薯的营养成分外，还含有丰富的花青素和硒，是一种非常理想的抗氧化剂，有助于保护心脏、提高免疫力、清除体内自由基、预防癌症。

食用建议：去皮，煮熟后食用，不可过量食用。

（4）山药

山药含淀粉酶、多酚氧化酶等，利于脾、胃的消化和吸收。新鲜山药的黏液中含有甘露聚糖和黏蛋白，甘露聚糖有助于改善糖代谢，黏蛋白可降低血液胆固醇，预防动脉硬化。黏液多糖与无机盐类结合，可以形成骨质，使软骨有一定的弹性，有利于软骨的修复和关节的健康。山药十分适合肠胃功能脆弱的狗狗食用。

食用建议：去皮，蒸或煮熟后给狗狗吃。

（5）芋头

芋头富含蛋白质、矿物质、多种维生素。芋头中含有天然的多糖类植物胶体，能增进食欲、帮助消化，还有止泻的作用。芋头中的黏蛋白被机体吸收后，能产生免疫球蛋白，提高机体的抵抗力。

食用建议：芋头中含有难消化的淀粉质和草酸钙结晶体，草酸钙有苦味且会使皮肤过敏，烹煮后会消失，所以一定要加热做熟后再给狗狗吃。

（6）莲藕

莲藕的营养价值很高，富含铁、钙等元素，蛋白质、维生素以及碳水化合物含量也很丰富。莲藕含有丰富的黏蛋白和膳食纤维，有健脾开胃、促进肠道蠕动、缓解便秘的作用。

食用建议：去皮，煮熟后切碎，再给狗狗吃。

豆及豆制品类

（1）豌豆

豌豆不仅蛋白质含量高，还含有丰富的膳食纤维，能促进大肠蠕动，保持大便通畅。豌豆所含的植物凝集素有抗菌消炎、促进新陈代谢的功能。豆荚中含有维生素E和能分解亚硝胺的酶，有助于防癌。

食用建议：煮熟后打碎，再给狗狗吃。

（2）黑豆

黑豆富含蛋白质，是非常优质的植物蛋白来源。黑豆中还含有丰富的维生素、卵磷脂等物质，其中B族维生素和维生素E含量很高，具有营养保健作用。黑豆中还含有丰富的微量元素，对保持机体功能完整、延缓机体衰老、降低血液黏度、满足大脑对微量物质需求都是必不可少的。

食用建议：煮熟后打碎，再给狗狗吃。

（3）豆腐

豆腐是用大豆加工而成的中国传统食品，含有丰富且优质的蛋白质，可以与肉类媲美，所以人们也将豆腐称为“植物肉”或者“素肉”。和大豆相比，豆腐更易消化，豆腐中的钙含量较高，在狗狗的日常饮食中添加少量的豆腐，不仅可以提高蛋白质的摄入量，还有利于狗狗的骨骼健康。

每100克可食用部分的营养含量

名称	蛋白质（克）	脂肪（克）	热量（千卡）	钙（毫克）
卤水豆腐	9.2	8.1	116	105
内酯豆腐	5	1.9	50	17

（数据来源：《中国食物成分表》第6版第一册）

食用建议：可少量添加在食物中。水煮后可去除豆腥味。

（1）橄榄油

橄榄油含有丰富的不饱和脂肪酸，有利于狗狗的被毛生长，对狗狗的皮肤及肠道炎症也有缓解作用。需要注意的是橄榄油不耐热，最好低温加工。

（2）芝麻油

芝麻油又称香油，富含维生素E及不饱和脂肪酸，能保护心脏，有非常好的抗氧化作用。

（3）亚麻籽油

亚麻籽油中含有非常丰富的亚麻酸，有利于狗狗的被毛、心脏、血管健康。

（4）小麦胚芽油

小麦胚芽油是天然的营养宝库，富含油酸、亚油酸、亚麻酸，还富含维生素E、B族维生素、蛋白质、矿物质，其维生素E含量为植物油之冠，已被公认为一种具有营养保健作用的功能性油脂，具有很高的营养价值。

（5）大豆油

大豆油是从大豆中提取出来的，呈半透明液体状态。大豆油含有丰富的亚油酸，为人和动物必需的不饱和脂肪酸。豆类中的磷脂有益于大脑、神经和血管的发育和生长。

（6）黄油

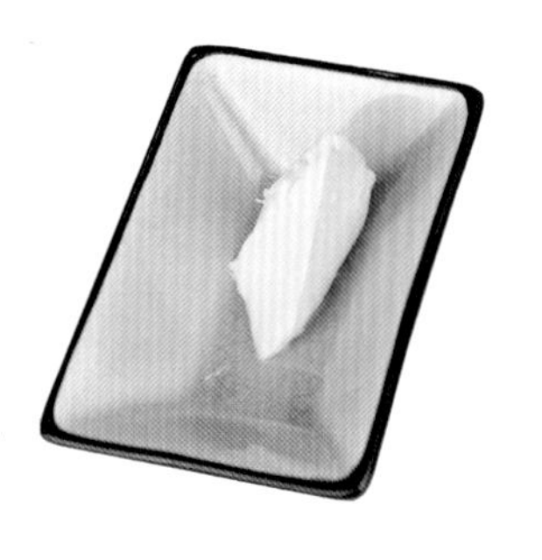

黄油是由牛奶提炼而成的，黄油中90%以上是脂肪，热量较高，是制作烘焙食品时常用的食材。黄油气味香浓，能很好地提升宠物食品的适口性。购买黄油时，一定要选择无盐的动物黄油。植物黄油是由植物油氢化而来，含有大量的反式脂肪酸，对身体不利。在购买时一定要分辨清楚，不要选择植物黄油。

（1）苹果

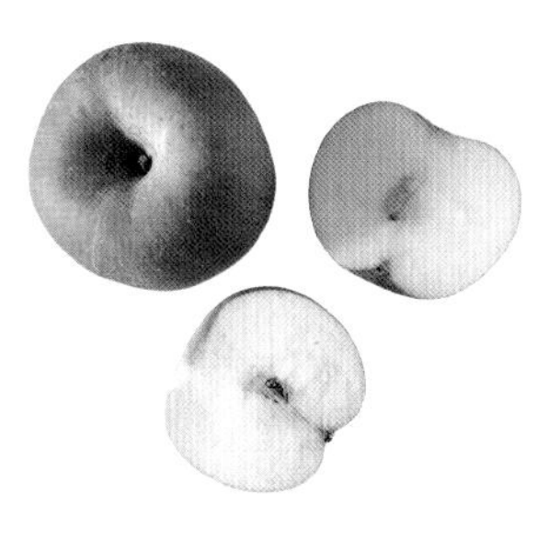

不论对人还是狗狗来说，苹果都是非常理想的水果，不仅营养丰富，热量还低，在减肥期也可以食用。苹果中含有丰富的维生素C、膳食纤维，有较强的饱腹感。将苹果洗干净带皮吃掉，可以提升膳食纤维的摄入量。需要注意的是，千万不要将苹果核给狗狗吃，因为苹果核中的氰化物不利于狗狗健康，严重的可能引起中毒。

食用建议：给狗狗吃苹果时注意将里面的苹果核先去掉。

梨中含有丰富的维生素C、B族维生素和丰富的微量元素，水分含量也较高。梨皮中含有丰富的膳食纤维，所以最好洗干净后带皮食用。梨可以清热去火，感觉有点上火或者皮肤干燥时，可以多吃一些，煮些梨水喝也是不错的。

食用建议：给狗狗吃梨时注意将里面的梨核先去掉。

（3）草莓

草莓含有丰富的维生素C、维生素E、维生素B_1、维生素B_2、胡萝卜素、铁、钙、花青素、膳食纤维等物质，营养非常丰富，可以保护视力、维持皮肤上皮组织健康、促进生长发育。草莓中丰富的膳食纤维可促进肠道蠕动，改善便秘，保护肠道健康。要注意的是，草莓的含糖量比较高，食用量不可过多。

食用建议：少量食用即可。

（4）香蕉

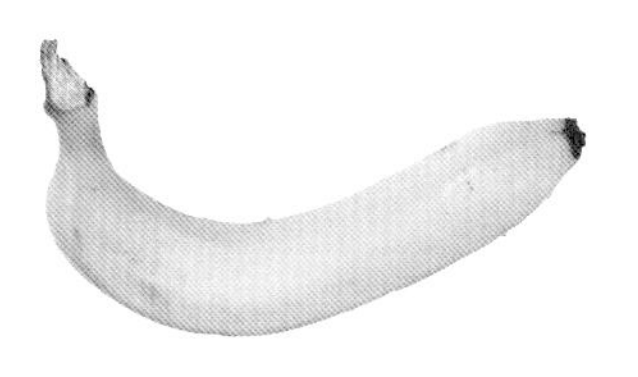

香蕉富含钾和镁，有维持血压平衡、清热解毒、利尿消肿的作用。因香蕉的镁含量比较高，所以有泌尿系统缺陷的狗狗尽量少吃。

食用建议：含糖量比较高，有糖尿病的狗狗要少吃。

（1）燕麦

燕麦中含有丰富的膳食纤维，有助于降低血脂和保持血糖平稳，和小麦、大米相比，是更为理想的谷物类食材。燕麦中含有丰富的维生素E，有抗氧化的作用，可防止细胞氧化和衰老，还利于提高机体的免疫力。深加工的燕麦片制品，比如膨化的燕麦制品，其过多的加工过程会大大降低燕麦的营养价值。

食用建议：选择燕麦片而不是深加工的燕麦片制品，煮熟后给狗狗吃。

（2）小米

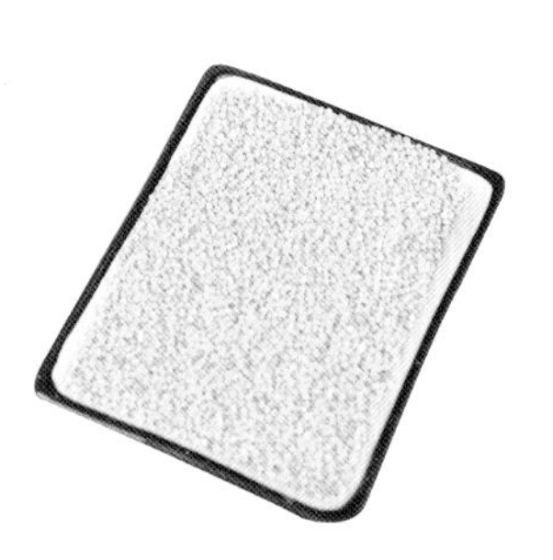

小米的蛋白质和微量元素含量较高，膳食纤维含量少，质地较柔软。小米中含有大量可以帮助消化的酶，有健胃消食的作用，特别适合胃肠消化功能弱的狗狗。

食用建议：不可生食，应煮熟后给狗狗吃。

（3）糙米

与普通精致白米相比，糙米中维生素、矿物质、膳食纤维的含量更丰富。糙米中保留了胚芽，胚芽中富含的维生素E能促进血液循环，有效维护全身机能。糙米中的膳食纤维可促进肠道有益菌增殖，加速肠道蠕动，软化粪便，预防便秘和肠癌。糙米中的碳水化合物被膳食纤维组织所包裹，消化吸收速度较慢，因此能很好地控制血糖。吃糙米对患有糖尿病的狗狗和肥胖的狗狗特别有益。

食用建议：不可生食，应煮熟后给狗狗吃。

（4）黑米

黑米中的花青素具有提高机体免疫力、清除体内自由基的作用。黑米中的铁含量丰富，有助于改善缺铁性贫血。黑米中含有丰富的维生素C，有助于抗应激反应、降低狗狗的焦虑情绪。黑米中还含有丰富的钾，有助于改善心肌营养、降低心肌耗氧量。

食用建议：不可生食，应煮熟后给狗狗吃。

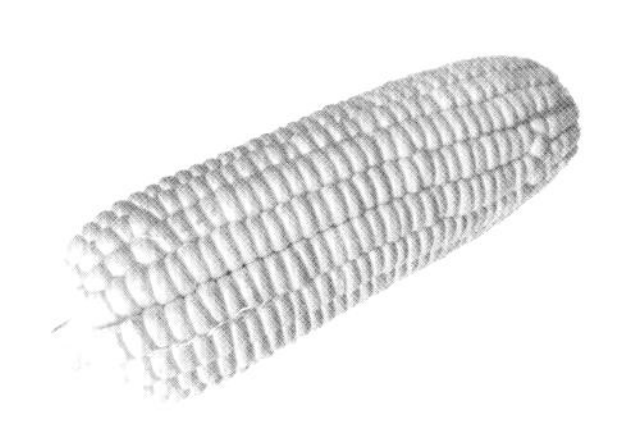

（5）玉米

玉米一直被人们误解为最容易引起狗狗食物过敏的食物，但实际上，一项对狗狗食物过敏源测试的结果显示，肉类的大分子氨基酸才是导致身体过敏的元凶，其中过敏概率最高的是牛肉。玉米中含有丰富的膳食纤维和β-胡萝卜素，适当添加在狗狗的饮食中并无坏处。

10 哪些食物不能给狗狗吃

在人类看来营养丰富、美味可口的食物不一定都适合狗狗。有一些食物对人类来说是有益的，但对狗狗却可能是毒药。不清楚哪些食物不适合给狗狗吃是非常可怕的事情，轻则造成狗狗的不适，重则会发生食物中毒，伤害到狗狗的性命。

巧克力、茶、咖啡、可乐

巧克力、茶、咖啡、可乐中的可可碱、茶碱、咖啡因会使狗狗心跳加速，影响神经系统的正常运转，导致狗狗过度兴奋，严重的可能会窒息死亡。

糖和代糖

糖和代糖类食物严重影响狗狗的血糖平稳，尤其是木糖醇，对狗狗来说是非常危险的，少量的木糖醇就可能造成狗狗低血糖并导致死亡。

煮熟的骨头

坚硬而锋利的形状永远都不适合狗狗脆弱的消化道，煮熟的骨头比生骨头更容易划伤狗狗的消化道，所以，千万不要给狗狗吃。

洋葱

洋葱里所含有的丙基二硫化物会破坏狗狗体内的维生素K，影响凝血作用，发生溶血症，导致尿血。无论生洋葱还是熟洋葱都一样，这是致命的危险，千万不可让狗狗误食洋葱。

葡萄、葡萄干

葡萄对狗狗来说是致命的威胁。到底是何种物质导致了葡萄对狗狗的致命伤害，目前科学界并无一致的结论，但葡萄对狗狗的危险性是公认的。对于这种高等级危险食物，狗狗还是远离为好，包括晒干的葡萄干也不可以给狗狗吃。

果核

所有的果核都不应该成为狗狗的食物。有一些水果的核含有氰化物，这对狗狗来说是有毒的。即使不含氰化物，坚硬的果核也难以被狗狗的肠胃消化，颗粒过大的果核非常容易引发肠梗阻。

生鸡蛋和海鲜

生鸡蛋和海鲜中都含有不同种类的抗营养素吸收成分，会加速狗狗体内B族维生素的消耗，导致维生素缺乏。幸运的是，这些食材做熟后就没有这种风险了。所以，鸡蛋和海鲜一定要做熟后再给狗狗吃才安全。

11 亲手为狗狗制作美食的3大原则

优质而新鲜的肉类是最理想的天然食材

狗狗是以肉食为主的杂食动物，除了肉类，狗狗还可以吃水果、蔬菜、谷物、豆类等多种类型的食物，但是狗狗对膳食纤维和碳水化合物的消化能力有限，所以不适合吃素食。而且，植物类食物中往往缺少狗狗必需的某些氨基酸，长期以植物类食物为主，会因必需氨基酸摄入不足引发某些疾病。

多元化的食材保证营养全面均衡

虽然狗狗烘焙美食大多是零食，但并不意味着就可以放弃营养均衡。零食也同样需要考虑营养素和热量这两个重要指标，这关系到狗狗到底可以吃多少零食。如果某些营养素或热量长期超标，会导致肥胖，给狗狗的身体带来负担，增加心脏病和关节疾病的风险。多元化的食物为身体提供丰富而优质的天然养分，尤其是多吃应季食物是十分理想的，大自然给予我们一年四季中享用不同食物的福利，不同时节的食物更适合身体在不同季节中的变化和需要。

三低原则减轻狗狗身体负担

在给狗狗的餐食中，要注意避免使用过多高脂肪类食材。过多的脂肪不仅会造成热量摄入过多而导致肥胖问题，有些还可能会引发急/慢性胰腺炎。现代养宠家庭大多居住在城市的楼房中，狗狗的日常运动量有限，低脂的饮食对狗狗的健康更为有利。

（本页图片由桂林呆萌宠物乐园康梓敏友情提供）

无论人还是动物，对盐分的需求都是有限的，过高的盐分会加重狗狗的肾脏负担，长期高盐分饮食不利于肾脏健康。当狗狗面临泌尿系统疾病困扰时，有的兽医会建议短暂的高盐分饮食，因为这样可以促进狗狗多喝水，从而产生大量尿液，不断地冲刷尿道，减少尿道中结晶体的出现。

我发现狗狗肥胖问题非常普遍，这与日常的不良饮食习惯密切相关。狗狗每日的热量消耗和摄入不平衡，是肥胖症产生的关键因素。很多宠物主人看到狗狗食欲不佳，总担心狗狗吃不饱，情不自禁地换花样，添加更好吃的食物，或额外增加零食，而长期进食过量的结果就是肥胖。过多的碳水化合物让狗狗更容易患上糖尿病。

肥胖不仅会增加狗狗的关节压力，导致关节疾病，而且对狗狗的心脏健康也同样不利。有宠物医院曾经统计过，患心脏病的狗狗中有80%同时有肥胖问题。为了狗狗的健康，建议大家参考低脂、低盐、低热量的三低饮食法则。

12 狗狗的年龄、体型与进食量的关系

不论什么品种和体型的狗狗，它们的一生都可分为5个生长阶段，即哺乳期、离乳期、成长期、成年期和老年期。不同生长阶段的狗狗对营养和食物量的需求存在巨大差异，不同品种和体型的狗狗进入成年期和老年期的时间也有所不同。了解这些之后，我们就可以根据自家狗狗的具体品种、体型、生长阶段为其设计和制作最适合的食物，给狗狗的健康加油、助力。

从表格中不难发现，体型小的狗狗成年早，一般9个月时身体就已经发育成熟，但是进入老年期的时间较晚，一般8岁后才进入老年期。而体型偏大的狗狗成年晚，中大型犬一般在1～1.5岁进入成年期，但是进入老年期却比较早，且随着体型增大其身体衰老的速度也加快，大型犬和特大型犬5岁后就进入老年期了。狗狗进入老年期后，身体的各项机能开始减退，需要格外照顾。总的来说，大型犬的生长发育较慢，寿命也较短。

狗狗的生长阶段表

体型	生长阶段	年龄
超小型犬（体重5千克以下） 如吉娃娃、玩具贵宾、玛尔济斯、约克夏、迷你雪纳瑞等	哺乳期	出生～1个月前
	离乳期	1～2个月
	成长期	2～9个月
	成年期	9个月～8岁
	老年期	8岁后
小型犬（体重5～10千克） 如柯基、西施、米格鲁（比格）、标准贵宾等	哺乳期	出生～1个月前
	离乳期	1～2个月
	成长期	2个月～1岁
	成年期	1～8岁
	老年期	8岁后
中型犬（体重10～25千克） 如哈士奇、牛头梗、边牧、麦町犬、柴犬等	哺乳期	出生～1个月前
	离乳期	1～2个月
	成长期	2个月～1岁4个月前
	成年期	1岁4个月～7岁
	老年期	7岁后
大型犬（体重25～45千克） 如金毛、巨型贵宾、拉不拉多、秋田犬等	哺乳期	出生～1个月前
	离乳期	1～2个月
	成长期	2个月～1岁4个月前
	成年期	1岁4个月～5岁
	老年期	5岁后
超大型犬（体重45千克以上） 如阿拉斯加等	哺乳期	出生～1个月前
	离乳期	1～2个月
	成长期	2个月～1岁4个月前
	成年期	1岁4个月～5岁
	老年期	5岁后

13 珍惜与狗狗相伴的生活

当人们对一件事情习惯后，可能就会认为事情理当如此，这可能就是我们常说的惯性思维。正如我们一直给狗狗吃颗粒狗粮这件事一样，很多人都觉得狗狗就该吃狗粮，天经地义。狗狗给很多人带来快乐，甚至成为一些人的精神寄托，而一味追求便利的喂养方式很可能正在毁掉狗狗的健康。

狗狗进入人类生活之前，一直以捕猎为生，食物多以整只的、湿性的、带着体温的小动物为主。狗狗进入人类活动范围后，可能会吃腐肉和剩饭。颗粒狗粮是人类将膨化工艺应用于宠物食品加工，一方面能快速地给狗狗提供营养全面的复合食品，另一方面让食品保存更方便，这其实是一项非常伟大的发明，让狗狗从吃剩饭剩菜的1.0时代成功升级为营养丰富、方便喂食的颗粒狗粮的2.0时代。然而，吃颗粒狗粮长大的狗狗也出现了一些共通的问题，用事实证明长期的单一饮食和过高的碳水化合物摄入量容易让狗狗血糖快速变化，狗狗更容易产生饥饿感，导致大量进食。然而狗狗进入人类家庭后，运动量大大降低，吃得多、动得少的生活状态让狗狗容易发胖，进而出现肥胖、关节病和心脏病等一系列健康问题。

从原来在野外的全天觅食状态进入被人“包养”后“饭来张口”的生活，狗狗每天的用餐时间加起来不到8分钟，这会让狗狗极度无聊、空虚，有的还因此产生了严重的行为问题。当然，这一切都不是我们希望的，但实际上，我们无意中已经对狗狗造成了伤害。

很多宠物主人内心十分爱自己的狗狗，对待它们像自己的孩子、伴侣，显然已经视它们为家中不可或缺的一员了。但他们并不真正了解狗狗，并不清楚狗狗到底应该吃什么样的食物才更加健康。

狗狗的祖先——狼在野外生活时，没有人给它们吃、给它们喝。为了维持生命，它们一天中的大部分时间可能都在觅食。

后来，有一些性格温顺的狼被人类驯化，留在身边，成为人类的好帮手。它们根据自己的专长，帮助人类狩猎、牧羊或看家护院。

如今，人们的生活水平大大提高了，越来越多的人养狗、养猫是希望给自己、给家人解闷、解压和做伴，让生活不那么孤单和枯燥。

狗狗是对主人最忠诚、最无私的动物，当你出家门时，它会一直坐在门口，期待你快些回来；当你带着一身疲惫回来时，它会用一百分的热情来迎接你，让你所有的疲惫都荡然无存。

狗狗表达情感的方式简单而直接，与狗狗相伴的生活是如此简单、纯净，没有谎言、欺骗，也没有尔虞我诈和故弄玄虚。

快节奏的生活让我们倍感艰辛，每一个功成名就的背后都是巨大的付出。身体上的各种健康问题，精神上的寂寞、空虚、“冷”，我们在追求物质生活的同时，也失去了很多。有很多案例和数据显示，养宠物的家庭中，人们患心脑血管疾病和精神类疾病的概率大大降低，这类疾病的治愈率也高很多。狗狗的到来，为我们带来了健康和精神的富足。那么，让我们一起为爱下厨，用科学的喂养方式实现与狗狗更长久相伴的美好愿望。

下篇

亲手制作
狗狗烘焙美食

食物可以提供机体每日所需热量、提供机体运转所需要的营养，而不同的加工方式可以改变和提升食物的风味，让进食乐趣倍增。有一些食物甚至可以缓解狗狗因与主人短暂分离导致的焦虑情绪，有利于它的身心健康。

我根据自己二十几年的养宠经验以及上千名学生（都是宠物主人）给予的反馈，把狗狗日常对食物的需求分为几大类，每一类食物的外观特征、营养价值各不相同。我们可以根据自家狗狗在不同时间的不同需求，为它选择适合的食物，享受美味带来的愉悦。

1．每日主粮，指我们平常所说的宠物配方食品或全价宠物食品，重点保证狗狗所需营养素的全面和均衡。如果狗狗主人不具备专业的宠物营养知识和配方计算知识，我不建议盲目自制食物当作狗狗的主食。因为长此以往非常容易导致狗狗营养不良。一项关于自制狗狗食品的调查结果显示，自制狗狗食物中最常见的问题是缺钙和磷，其次是缺锌，这些营养素都是狗狗机体不可或缺的。市场上售卖的狗粮很多，我们可以根据自家情况从中选择，目前大多数的狗狗主人会选择最方便的膨化狗粮，有部分狗狗主人会为狗狗选择适口性更好、水分含量更高的鲜食作为主粮。

2．补充性宠物食品，指以补充某些营养素为主要目的的保健品，如钙片、牛磺酸、鲨鱼软骨素及卵磷脂等。

3．宠物零食，指狗狗每日主粮以外的补充性食品。狗狗零食的种类众多，工艺也非常丰富。按不同特征还可以再细分为：磨牙零食、营养补充型辅食、营养补充型零食、特别纪念日和节日专属美食、人宠共享美食、陪伴型和互动型零食等。低水分的宠物零食，比较适合长时间常温保存，制作方法也非常简单、易学。

了解宠物营养知识之后，我们可以用最常见的天然食材来丰富狗狗的每日餐单，首先保证每日主粮营养全面均衡，然后可以用优质的天然食材制作一些美味健康的辅食、零食，大大提升狗狗的进食兴趣，增进食欲。需要注意的是，要合理控制喂食量，切记不要因为狗狗爱吃就过量喂食，否则可能有发胖的风险。

有一些美食，我们甚至可以和狗狗共同分享。当然，这里说的共同分享，并不是让你和它分享一个餐盘里的食物，而是用相同的食材、相同的制作方法做出不同风味的美食，满足我们和狗狗不同的口味偏好。想象一下，当我们与狗狗共享天然美味时，它将会是多么开心。

在本部分，我们将介绍多种狗狗烘焙美食的制作方法，每一位希望亲自动手为狗狗制作健康美味的主人都可以学上几招，有空时下厨制作一款爱心美味。看着狗狗充满期待的眼神，即便从不下厨的人，也会动力满满、甘心情愿地穿上围裙，挽起袖子大干一场。

身边总有一双眼睛充满期待地望着你，这又何尝不是一种陪伴方式呢。

为狗狗制作美食实在是一件妙趣横生的事儿。

EUCALYPTUS

01 磨牙零食

狗狗的牙齿构造与人类大不相同，它们缺少臼齿，也就减少了对食物研磨的过程，所以狗狗属于不充分咀嚼的动物。它们吃的食物只经过尖锐的牙齿简单切断便会输送到胃里进行消化。虽然它们并不会像人那样细嚼慢咽，但也会有食物残渣留存在口腔中，尤其是牙齿缝隙和牙龈上端，所以狗狗主人最好从小给它养成刷牙的好习惯，这对于它的牙齿健康非常重要。平日里，也可以亲手制作一些硬度和韧性较高的零食给它啃咬，既打发了时间，又可以利用食物与牙齿间的摩擦清洁牙垢。以硬度较高的饼干和以动物骨骼为主要原料的磨牙骨为主，搭配一些瘦肉来弥补食物中缺少的蛋白质，就可以制作出效果不错的磨牙零食了。

当然，不同体型的狗狗其牙齿的啃咬力是完全不同的。大型犬多以其他动物骨骼作为磨牙零食，超小型犬则更适合用一些耐咬的饼干或肉干充当磨牙零食，更为安全。特别需要注意的是，千万不要给狗狗食用已经煮熟的动物骨骼，因为煮熟的骨头硬度会增大，更容易划伤狗狗肠道。正确的方法是对生骨进行表面灭菌和烘干，每日在喂食狗粮后给它啃咬5～10分钟即可，而且一定要在主人的看护下。及时收起磨牙零食，还可以让狗狗意识到你才是它的主人，你才能决定它的食物，让它清楚地认识到自己在家中的地位，这在宠物的行为认知教育系统里是十分重要的。

体型小的狗狗，牙齿的咬合力较弱，最好的磨牙零食莫过于肉干和硬度较高的磨牙饼干。肉干和饼干的硬度适中，好消化，食用安全性也比较高，搭配一些含有丰富膳食纤维的蔬菜或者薯类，是不错的选择。

喂食建议：根据狗狗体型大小及消化情况合理喂食，饼干每日可食用1~3块，磨牙骨类每周1～2块，最好在喂食狗粮之后。

猪肝燕麦磨牙饼干

原料

小麦面粉 80 克

玉米粉 60 克

黄油 25 克

燕麦片 25 克

奶酪粉 20 克

猪肝粉 15 克

羊奶 80 毫升

做法

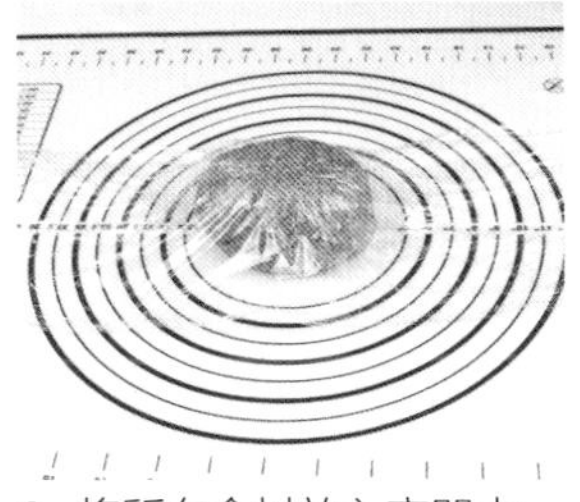

1. 将所有食材放入容器中，搅拌均匀并和成柔软的面团，用保鲜膜包好，放在案板上静置15分钟。

2. 将面团平铺于面垫上，擀成厚约4毫米的薄片，用饼干模具刻出喜欢的形状，摆放于烤盘中。

3. 烤箱设定为160℃、10分钟，提前预热，然后将摆满饼干的烤盘放入烤箱中，150℃烤20分钟出炉。

奶酪粉在超市、网店都有售，若买不到也可以用羊奶粉代替。

饼干刚出炉时一般比较软，可以将饼干转移到透气的网状托盘中，冷却后会变脆。最好不要将饼干一直放在烤盘上，否则饼干内部的热气无法散出，会影响饼干的口感。

彩色球形棒棒糖

原料

鸡脆骨 100 克

鸡胸肉 300 克

圆白菜 50 克

蔬菜粉适量

牛皮磨牙咬胶（或蔬菜棒）4 根

做法

1. 将鸡脆骨、鸡胸肉和圆白菜依次打碎并分成4份。

2. 将蔬菜粉分别放入4份肉泥中，充分搅拌均匀。

3. 将约25克肉菜泥包裹于牛皮磨牙咬胶或蔬菜棒的顶端。

4. 摆放在食品烘干机的网格盘中，烘干机以70℃烘干8小时左右即可。

可以根据自家狗狗的偏好将鸡胸肉灵活调整为牛肉、鸭肉、鱼肉等。

蔬菜粉可以直接买成品，也可以参照蛋黄粉（参见第100页）制作方法自制。我家常备有南瓜粉、紫薯粉、甜菜粉，制作零食、打奶昔都经常用。也可以将蔬菜打成泥代替蔬菜粉，只不过水分增加，烘干的时间也要相应延长。

这款零食中特别添加了可以增加硬度的脆骨成分，但注意要打碎一点，保证狗狗能安全食用。如果是整个的脆骨，烘干后比较坚硬，对进食过快或体型较小的狗狗来说，有可能划伤消化道。

若你总是担心过于坚硬的磨牙食品会损伤肠胃，那就在家里跟着小俏老师来自制一款营养、健康又安全的磨牙小零食吧。

红薯鸡肉磨牙棒

原料

鸡胸肉 250 克

红薯 250 克

做法

1. 将鸡胸肉和红薯洗净。将鸡胸肉切成厚约1厘米的片。

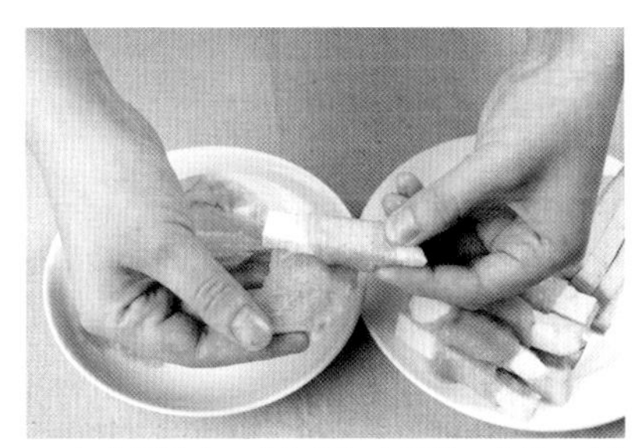

2. 红薯削皮，切成宽1厘米、长8~10厘米的条，将鸡肉片从红薯的一端缠绕至另一端，摆放在烤盘中。

3. 烤盘入烤箱，先用150℃烤20分钟，再转成100℃烤1.5小时左右。如果家里有烘干机，也可以用70~80℃低温烘烤6~8小时。

这是用两种特别常见的食材制作而成的狗狗磨牙小零食，特别适合小型犬和超小型犬。没有添加任何调味剂，最大限度保存了食物本身的味道——红薯的甜加上鸡肉的香，是一款狗狗非常喜爱的日常零食。烘干后的零食有一定硬度，水分含量低，便于长期存放。放入密封罐中密封保存，可以保存1～2周。

如果你像我一样，家有进入老年期的狗狗，它的牙齿可能已经开始脱落，不喜欢较硬的食物，也可以适当减少烘烤时间，在红薯和鸡肉都含有较多汁水时就取出，放凉后食物还是比较软的状态，特别适合不爱坚硬食物的老年狗狗，尤其是牙齿所剩无几的。

为了便于切成薄片，鸡胸肉可以先放入冰箱冷冻30分钟，在微冻的状态下更容易切成想要的厚度。

中间的蔬菜应尽量选择红薯、紫薯这类低水分的根茎类食材，不仅营养丰富，而且香甜的气味对狗狗有非常大的吸引力。尽量不要用胡萝卜、南瓜等高水分食材，否则你会发现，中间的南瓜和胡萝卜在出炉的那一刻已经严重缩水，辛苦卷起来的肉早都与蔬菜分开了。

在很多南方城市，有的季节会很潮湿。过于粗厚的形状，不利于中心部位彻底干燥，很有可能导致食物在短时间内就发生霉变。这时可以将红薯切成比条薄一点的厚片，更利于烘烤至干燥状态。

烘干牛软骨

原料

牛软骨适量

做法

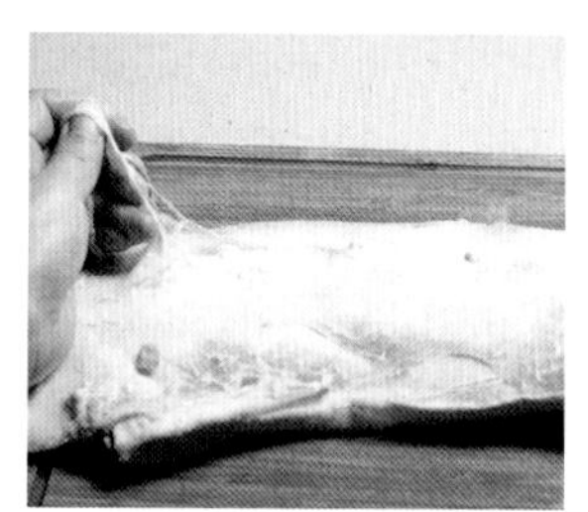

1. 将牛软骨洗净，用剪刀或者刀去掉表面的筋膜组织和肥肉。

2. 牛软骨放入凉水锅煮，水沸腾后再煮1分钟左右捞出，将血沫清洗干净，分割成适合狗狗啃咬的块。

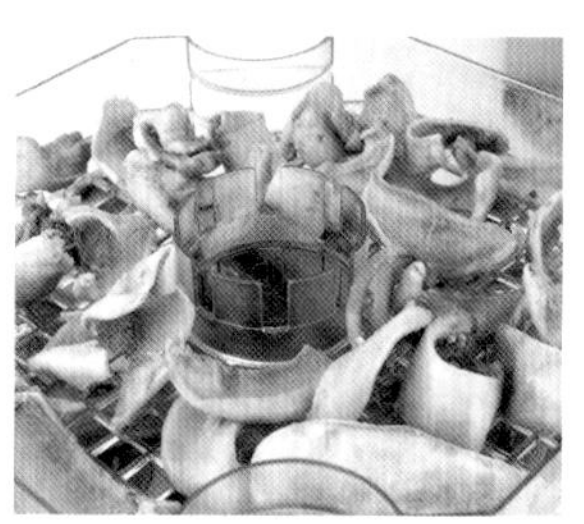

3. 牛软骨块放入烘干机中，70℃烘干4～6小时即可。

动物的软骨组织含有丰富的胶原蛋白和钙，硬度也比腿骨低很多，可以简单地焯水和烘干后给狗狗磨牙，帮助清洁牙齿缝隙中的食物残渣，起到洁牙作用。烘干时间越久，软骨就会变得越硬，最佳时长在4小时以内，这样做出的牛软骨，表面干燥但内部组织柔韧，此时的适口性比较好。

生软骨韧性较强，不利于分割。可以用一口大一点的锅来焯水，焯水后软骨表面变脆，此时再用刀或者剪刀进行分割会更容易。分割时，应尽量比狗狗体型对应的常规零食尺寸稍大一些，这样才能有效避免狗狗因误食、误吞造成的风险。

这种带有一定硬度的磨牙零食，建议给5个月以上狗狗食用。太小的狗狗肠道功能脆弱，不宜尝试。第一次给狗狗食用时，即便是成年犬也最好在主人的看护下进行。啃一小会儿就及时收走是最为理想的进食方式。

买来的软骨表面一般都没什么肉，为了增加狗狗的兴趣，可以另切一些瘦肉卷在软骨表面一起烘干，狗狗会更喜欢。

烘干羊蹄

原料

羊蹄适量

做法

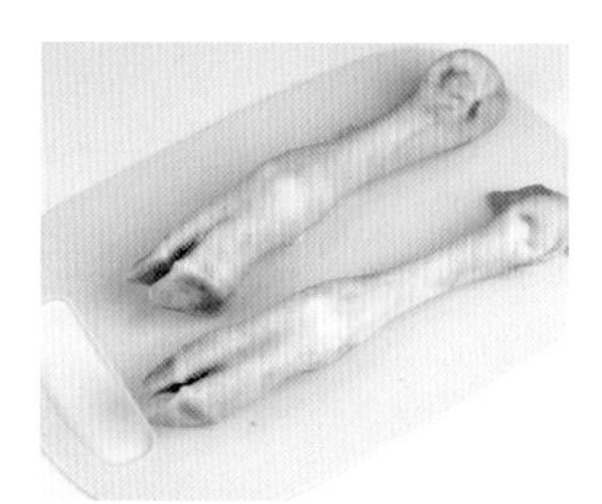

1. 羊蹄洗净。

2. 锅中烧水烧开，放入羊蹄焯烫1～2分钟后，捞出。

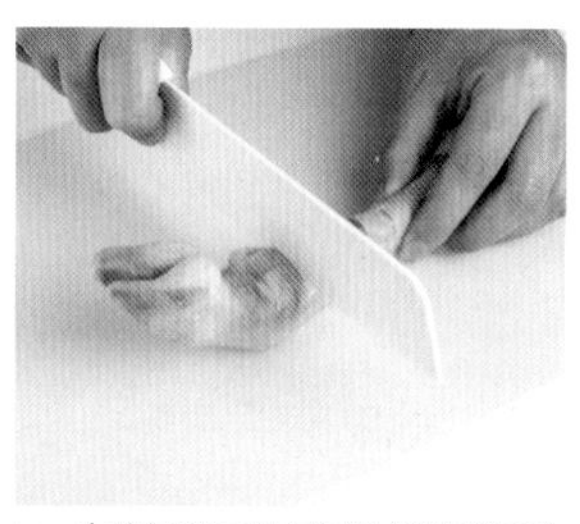

3. 在羊蹄后拐弯处划深些的刀口，摆烤盘中。

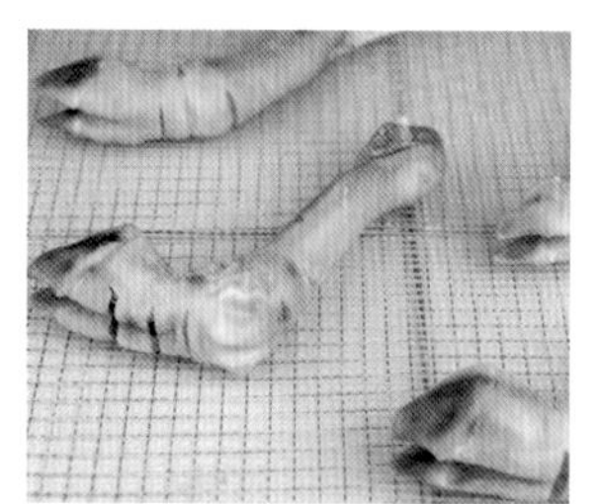

4. 烤盘入烘干机，温度设定为70℃，烘干25～30个小时。

羊蹄的组织比较厚，想要彻底烘干，一般需要30个小时以上。家庭制作不用追求过高硬度，根据自家狗狗的具体情况，适当保留中间的新鲜胶质成分，会让狗狗牢记这世间美味。

羊蹄中的骨头非常粗壮、坚硬，当狗狗啃咬至骨头部分时，一定要及时拿走、扔掉，避免狗狗将骨头吞入，划伤消化道。

羊蹄焯水后，用刀在拐弯处划出刀口，可以增加烘烤过程中的透气性，减少烘干所需时间，也可以防止羊蹄外皮在受热过程中因缩水而爆裂、变形。

小型犬并不一定能够驾驭一只大个头的羊蹄，可以将羊蹄切成两段，方便小型犬用前爪抱住啃咬。

如果发现狗狗将羊蹄藏起来，或者着急地抓地、挠地板，或者对着羊蹄吠叫，很有可能是因为无法叼起这个大块头的食物或者咬不动而着急。它是在用行为告诉你，它很想吃，却吃不动。你就帮帮它吧。

烘干羊月亮骨

原料

羊月亮骨适量

做法

1. 羊月亮骨去除残留的肥肉和油脂后洗净，放入凉水锅中煮。

2. 水开后再煮1~2分钟捞出，将血沫去掉并清洗干净，控干。

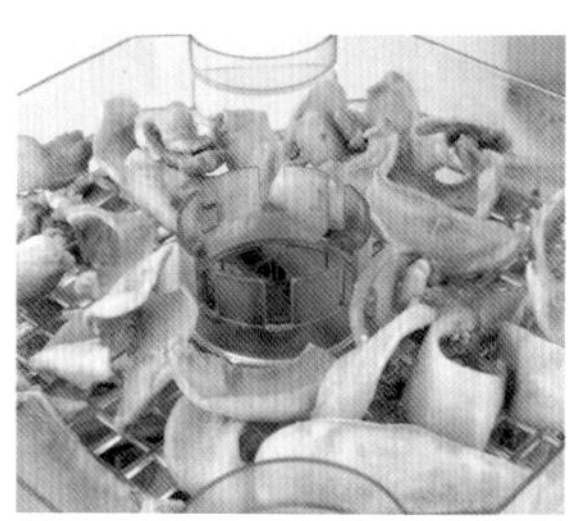

3. 将羊月亮骨摆入烘干机中，70℃烘干3~4小时即可。

羊月亮骨表面有较多的肉，烘干后散发着浓浓的羊肉香味。与羊软骨相比，羊月亮骨更薄，经过2小时左右的烘干，变得更松脆，风味浓郁，质地柔软，韧性高，是狗狗超爱的美味零食。

从市场上买回来的羊月亮骨，表面会有分割过程中残留的肥肉和油脂，需要用刀将这部分剔除。零食表面过于油腻，会加快脂肪在存放过程中的氧化变质速度，不利于宠物健康。

烘干时间切不可过久，软骨彻底烘干后也是十分坚硬的，所以也要考虑到是否会伤害狗狗的肠胃，最佳的烘干时间在4小时以内，表面已经烘干但内部组织保持原状，适口性高，而且很安全。

建议狗狗5个月以上再食用。

02 营养补充型辅食

你有没有遇到过家里的狗狗胃口不佳、食欲下降的情况？我相信这时候你的内心一定十分焦急，担心它饿肚子。这时候，如果添加一些天然的、营养补充型辅食，可能会瞬间解决你的困扰哦。

营养辅食多以肉类、蛋类和乳制品以及动物内脏为主要原料，如牛肉、鸡肉、鸡肝、蛋黄、乳酪等，补充优质的蛋白质和脂肪酸。天然食材经过简单加工，比如水煮、烘烤等，就可以制作成狗狗喜爱的辅食。为了能与狗狗主粮搭配着食用，一般多以肉碎、肉松或者肉粒的形式与主粮混合在一起，狗狗不至于只吃辅食而放弃主粮。但有些智商超群的狗狗，即便我们将食材打碎，它依旧可以只吃美味而将狗粮剩下。

其实狗狗的反应不难理解，长期单一口味饮食，失去了太多的进食乐趣。就像我们人类，如果将每天的食物都换成方便面，那将是怎样的一幅景象呢？当然，除了干性食物的适口性较差，还有一些其他的因素会导致狗狗挑食。比如主人不当的喂食方式，当狗狗不吃狗粮时就添加更好吃的食物，这给狗狗传递的信息是不吃狗粮便会有更好吃的食物，不挑食才怪了。

大自然赋予我们各种各样的食物，为什么不尝试一下亲手用天然食材给每天吃“方便面”的狗狗制作一些营养辅食呢？增加狗狗进食的乐趣，让亲爱的它也体会到食物不仅是充饥的、补充营养的，也是美好的。

喂食建议：根据狗狗体型大小及消化情况合理喂食，粉状辅食每日在狗粮中添加5～10克即可（使用5克量勺）。

香酥鸡肉松

原料

鸡胸肉 500 克

做法

1. 将鸡胸肉洗净切成小块，放入开水锅中煮约10分钟，完全熟透后捞出。

2. 将熟鸡肉块放在料理机中打碎，捞出。

3. 将鸡肉碎放入面包机中，执行肉松程序，经过约2.5小时的低温慢炒，香喷喷的原味鸡肉松就制作完成啦。

挑食的狗狗，最好给它吃肉松，可以避免只挑肉松吃而将狗粮剩下。大型犬则建议给它吃大颗的肉粒（参见第108页），因为大型犬用鼻子嗅闻时很有可能将肉松碎末吸入鼻腔，让好事变坏事。

燕麦兔肉丸

原料

兔腿肉 250 克
燕麦片 100 克
胡萝卜 50 克
红薯 50 克
紫甘蓝 30 克
羊奶粉 25 克
鸡蛋 1 个

做法

1. 兔腿肉、蔬菜洗净后分别用料理机打碎。

2. 将所有食材放在盆中搅拌均匀。

3. 挤成约50克一个的肉丸，上锅蒸20分钟。

4. 将肉丸摆入烘干机盘中，设定70℃烘烤8小时即可。

肉、蛋、奶是优质蛋白质来源，这款兔肉丸中包含了这3类食材，而且添加了红薯和紫甘蓝，丰富的膳食纤维可促进狗狗肠道蠕动，减少便秘。

肉丸也可以蒸或者煮，蒸肉丸时会产生汤汁，主要是肉和蒸汽中的水分，可以放凉后给狗狗饮用。尤其是不爱喝水的狗狗，喝肉汤是增加饮水的好办法哦。

易消化的食材可以减轻狗狗肠胃的负担，食物中的营养能更好地被机体吸收和利用。

蛋黄粉

原料

鸡蛋 10 个

做法

1. 将鸡蛋煮熟后，剥出蛋黄部分，用刀切成大一点的碎块。

2. 将切好的蛋黄碎平铺在烘干网上，放入烘干机内，设置70℃，烘干4～6小时，至完全干燥后取出放凉。

3. 将烘干后的蛋黄碎放入料理机内打成细一些的粉末即可。

鸡蛋黄中含有丰富的卵磷脂，对狗狗皮肤和被毛非常有益，但脂肪含量较高，热量也较高，所以要注意避免过量食用引发肥胖。有条件的可以直接购买鸡蛋黄。

鸡蛋黄煮熟后不要切得太碎，烘干过程中容易撒落。

千万不要在烘干网格上铺油布或防油纸，否则会大大降低烘焙效率。

做好的蛋黄粉可以装在密封罐中，入冰箱冷藏或冷冻保存。每天取3～5克与狗粮混合后给狗狗食用即可。

用同样的方法可以将很多种天然食材制作成狗狗的营养粉。如南瓜粉、菠菜粉等蔬菜粉都不错。做法也相当简单，只需将食材简单焯水后，切薄片烘干，最后用料理机打成细腻的粉末即可，大家可以举一反三。

鳕鱼小骨

原料

鳕鱼 250 克

鸡胸肉 250 克

蔬菜粉 25 克

羊奶粉 25 克

做法

1. 将鳕鱼和鸡胸肉用料理机打成肉泥。

2. 肉泥分成若干份，分别加入蔬菜粉和羊奶粉并搅拌均匀。

3. 将肉泥装入裱花袋中。

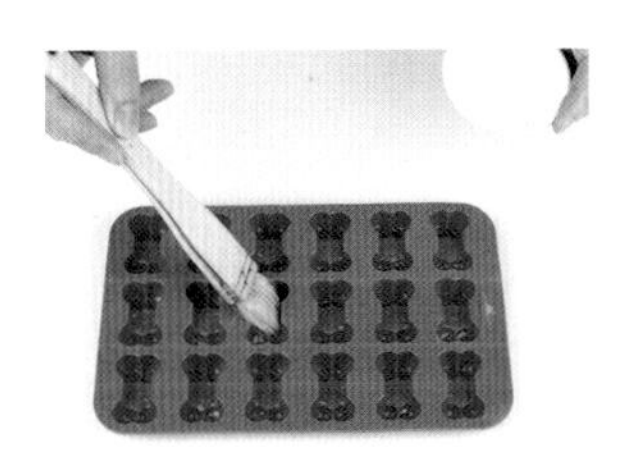

4. 小骨模具刷一层薄油做防粘。

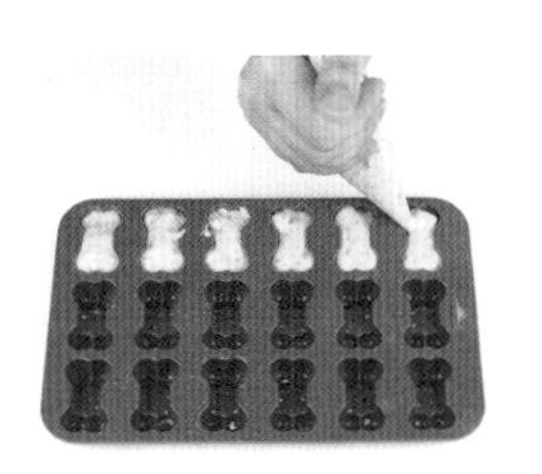

5. 将肉泥挤入模具中并抹平。

6. 烘干机70℃烘干8小时即可。

如果你家狗狗也只吃过一些烘干鸡肉干类的零食，不妨来做一下简易的升级版本，给狗狗换个花样，增加进食的乐趣。外出时携带也非常方便，保存时使用密封袋或饼干罐可以放1个月左右。

城市中生活的狗狗大多面临运动不足的问题，建议大家关注一下食物的热量和成分，给狗狗选择一些低脂的零食，减少超重的风险。

杰瑞的奶酪

原料

巴沙鱼肉 300 克
红薯 100 克
羊奶粉 30 克
海藻粉少许
柴鱼片少许

做法

1. 红薯去皮蒸熟。

2. 将红薯、巴沙鱼、羊奶粉放入料理机中打成细滑的肉泥。

3. 将肉泥灌装在裱花袋中。

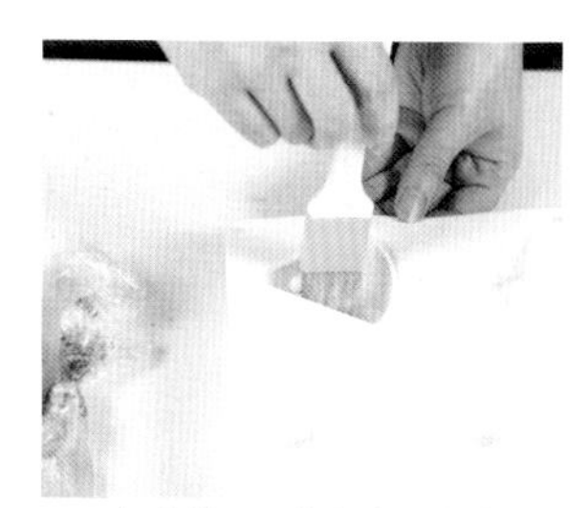
4. 硅胶模具刷油（防粘）。

5. 将肉泥挤入模具中至9分满，表面撒少许海藻粉和柴鱼片。

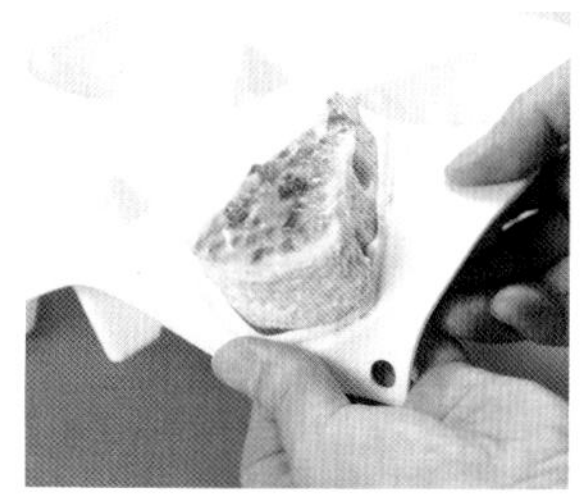
6. 烤箱170℃烘烤25分钟，出炉后放凉再脱模。

这是一款非常受欢迎的小食，肉质鲜嫩多汁，散发着浓郁的食材原香，特别适合挑食和平时不爱喝水的狗狗。

刚烤好出炉的食物保持着较高的温度和水分，会比较软，不易脱模，冷却后更容易脱模，这是一个小技巧哦。

家里有其他模具的也可以使用。软质的硅胶模具可以耐260℃的高温，不用担心进入烤箱或蒸锅后会产生不利于健康成分。

厚切鸡肉奶糕

原料

米饭 100 克

熟鸡肉末 100 克

马苏里拉奶酪 50 克

新鲜或冻干果蔬适量

做法

1. 马苏里拉奶酪用微波炉加热20秒化开。

2. 将剩余食材与奶酪混合并搅拌均匀。

3. 铺一层保鲜膜，将食材倒在保鲜膜内包住并压制成约2厘米厚的片。

4. 放入冰箱冷藏30分钟后取出切块。可放一点果蔬加以装饰。

这款简单易操作的小蛋糕，虽然从严格意义来说并不属于传统工艺制作的蛋糕，但是无论营养成分还是颜值，真的一点都不输任何蛋糕，属于典型的健康类小甜品。低脂无糖的小甜品，鸡肉和奶酪含有丰富的蛋白质，水果、蔬菜是维生素的优质来源，风味独特，奶酪中的脂肪酸和微生物能够帮助提升胃肠消化功能。

香酥肉粒

原料

鸡胸肉 500 克

做法

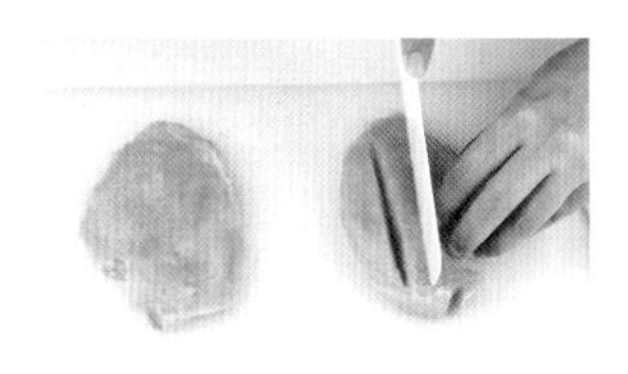

1. 将鸡胸肉切成块备用。

2. 锅中放水，放入鸡胸肉煮熟。

3. 将煮好的肉块放入绞肉机中，绞成较粗的肉碎。

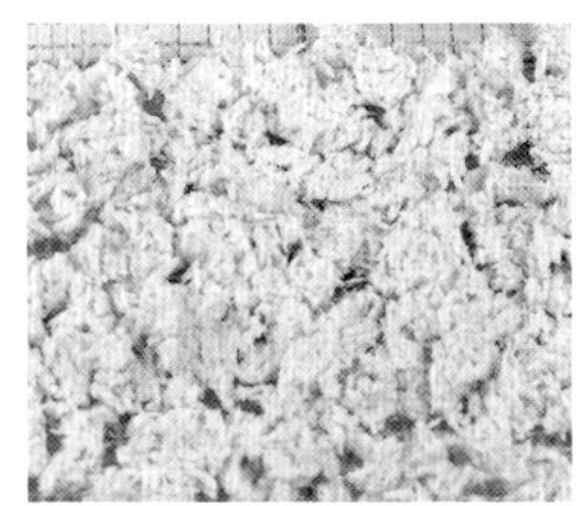

4. 将绞好的肉平铺在烘干机网格上，70~80℃，烘干4~6小时即可。

没有绞肉机时，也可以剁碎，保留一部分小肉块。

没有烘干机时，也可以用一口平底不粘锅，全程使用小火将鸡肉粒炒至完全干燥。

烘干肉粒时，还可以将一些狗狗爱吃的蔬菜切成粒，一起烘干。

曾经有学生问我，如何为狗狗制作肉松，并且希望像人吃的肉松那样蓬松可爱。其实这并不可取，人吃的肉松里面可能会添加较多的油，以及酱油、盐等调味品，这些调味品对人已经不建议食用太多，对狗狗来说更不适合。而且，狗狗进食过程中，大多以吞咽为主，很少咀嚼，对于食物是否蓬松并不在意。所以，在为狗狗设计、制作美食时，不论食物的种类还是质地、形状、温度等都要从狗狗的需求出发，满足它们的真实需求。大颗粒的肉粒，在一定程度上保留了食物的原有形状，可增加狗狗进食乐趣，酥松的质地也不会造成吞咽困难。

小心肝酵母饼干

原料

燕麦面粉 100 克
猪心 80 克
牛肝 50 克
羊奶粉 20 克
黄油 15 克
活性酵母 1.5 克
鸡蛋 1 个

做法

1. 将牛肝和猪心切成小块，蒸熟并打成肉碎。

2. 将其他食材与肉碎混合均匀。

3. 和成不粘手的面团，醒发40分钟。

4. 将面饼压成约4毫米厚的片。

5. 用切刀切成方块，在表面均匀扎洞。烤箱170℃提前预热，160℃烤25分钟。

动物肝脏中丰富的维生素A不仅可以让身体的表层细胞更加健康，还有利于体内黏膜体系的健康，但食用过量也会中毒。

我经常用动物心脏给家里的狗狗和猫咪制作鲜食，以便从食物中获取丰富的牛磺酸。但牛磺酸特别不稳定，高温加工可能会消耗很多，要注意避免长期采用单一的获取方式，若有需要可以额外补充一些富含牛磺酸的营养补充剂。

03

营养补充型零食

给狗狗制作零食时，除了一些特别的诉求，如磨牙、清洁牙垢等，应更多地考虑到宠物零食的食材品质和营养特点，这也是人类零食和宠物零食的最大差异。即，无论宠物零食具有何种口感和形状特征，都应注重其营养意义和消化安全性。

营养补充型宠物食品，目前最多见的是市售的宠物保健品，如卵磷脂、钙片、鱼油、海藻粉、鲨鱼软骨素、蔓越莓提取物等。这类营养补充品一般都是从天然食材中提取，具有较高的营养密度，当宠物身体缺乏某一种或某几种营养素时或者生病后，适合用来快速补充机体的特别需求。

给宠物选择营养补充型食品的需求之所以这样强，不仅因为宠物生病或者是某些特殊生长时期对某些营养素的需求增加，还因为一些营养素的不稳定性，在食品加工和保存过程中，受热、光、氧气等因素影响，会出现营养流失的问题，影响宠物对这些营养素的摄取和吸收，如维生素和微量元素尤其明显。

营养补充型食品的应用场景也非常广泛，无论当作辅食还是配合训练的奖励性零食，或者是配合漏食玩具的特定形态零食，都可以。

虽然在家里没办法提纯某些营养成分，但是可以利用家庭的简单工艺，让狗狗从天然食材中摄取营养。

喂食建议：根据狗狗体型大小及消化情况合理喂食，小型犬每日可食用1～2块（约20克）；中型犬每日可食用2～3块（约30克）；中大型犬每日可食用4～5块（约50克）。

双色乳酪
扭扭棒

原料

A. 绿色面团用料

面粉 60 克

车达奶酪粉 20 克

鸡肝碎（熟）20 克

羊奶粉 15 克

螺旋藻粉 2 克

水 30 毫升

B. 黄色面团用料

面粉 50 克

羊奶粉 25 克

玉米粉 20 克

水 30 毫升

做法

1. 将A和B中的原料分别混合成柔软的面团，盖上保鲜膜静置20分钟。

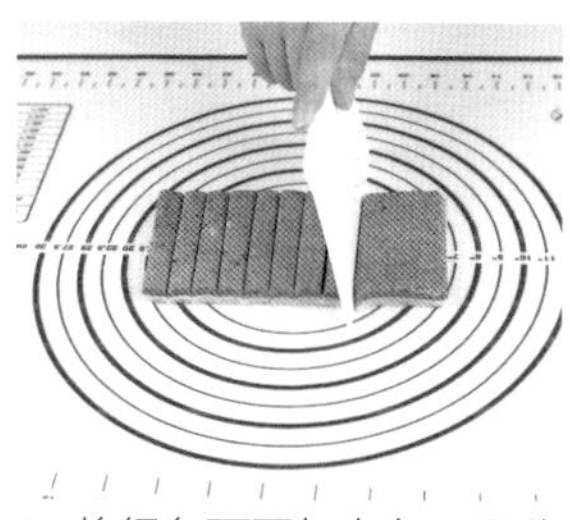

2. 将绿色面团与白色面团分别擀成厚约5毫米的面饼，并叠放在一起，先用切刀切成相同大小的长方形，再切成宽约1厘米、长约8厘米的条状。

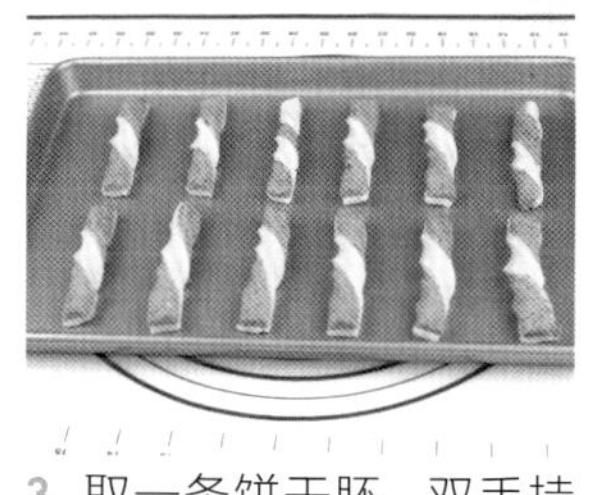

3. 取一条饼干胚，双手持两端，向相反方向扭成螺旋状，摆放在烤盘中，相互间要留有一定间隔。

4. 烤箱设定为160℃、10分钟，提前预热，然后放入摆满饼干的烤盘，150℃烤20分钟出炉。

在这款小零食中，我选择了营养非常全面的螺旋藻粉作为染色的天然颜料，既能给食物染上理想的颜色，又有益于健康。

制作这款超级可爱的扭扭磨牙棒时，特别容易因为面团过硬导致开裂或断裂，所以在调制面团时要时刻注意面团中的水分变化，尽量制作成偏柔软的面团。

制作时需注意控制厚度，双层面饼叠放在一起时，特别容易出现过厚的问题。这时可以用擀面杖将面团再擀薄一些，在切条时也要避免过宽，一般不超过1.5厘米。

欧芹白芝麻鸡肉干

原料

鸡胸肉 500 克

白芝麻少许

欧芹碎少许

做法

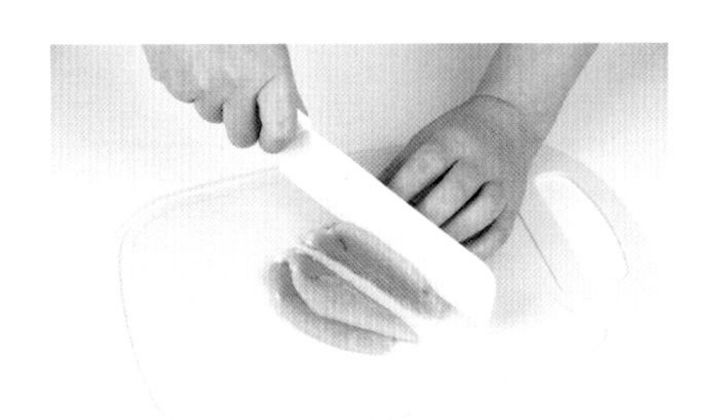

1. 将鸡胸肉洗净，放入冰箱微冻后，切成厚约5毫米的片。

2. 将鸡肉片摆放在烘干机托盘上，表面撒上少许的白芝麻和欧芹碎。

3. 烘干机设定为70℃，烘烤6小时即可。

将鸡肉切片、烘干，你可能觉得太简单、粗糙。这款欧芹白芝麻鸡肉干，只是增加了两味常见的食材，就让鸡肉干华丽变身，令更多的狗狗爱不释口。

芝麻是我们身边特别容易获取的天然食材，也是常见的油料作物，不饱和脂肪酸含量丰富。想给狗狗美毛，最好的办法是在食物中添加安全、健康的不饱和脂肪酸类食材，如亚麻籽、芝麻、小麦胚芽等，白芝麻中不仅含有大量的不饱和脂肪酸，还含有丰富的维生素E，能起到减缓炎症、提高免疫力的作用。

羊奶燕麦蔬菜饼干

原料

燕麦粉 80 克	羊奶粉 25 克	黄油 15 克
胡萝卜粉 40 克	菠菜粉 3 克	水 45 毫升

做法

1. 将粉类原料倒入盆中混合，加入水、黄油和成柔软的面团。

2. 将面团擀成厚约4毫米的薄片，用饼干模具刻出喜欢的图形，摆入烤盘中，留出间距。

3. 烤箱设定为160℃，预热10分钟。将烤盘放入烤箱中层，150℃烤20分钟出炉。

如果狗狗平时不喜欢吃蔬菜，可以用蔬菜粉来制作零食，巧妙地帮助狗狗摄入身体所需要的各种营养素。如果没有现成的菠菜粉，也可以将菠菜焯水后打成泥，但由于菠菜泥含水，水的用量要相应减少。

燕麦片或者燕麦粉都是不错的碳水化合物来源，我在为狗狗制作燕麦饼干时，会保留一部分形状完整的燕麦片，这样可以更好地保留膳食纤维，对肠道更有利。

牛肝乳酪
美毛饼干

原料

燕麦粉 100 克
牛肝 80 克
羊奶粉 50 克
干奶酪 50 克
南瓜泥 50 克
鸡蛋黄 40 克
亚麻籽粉 20 克

做法

1. 牛肝和鸡蛋黄煮熟后打碎。

2. 将所有的食材放入盆中和成面团，盖保鲜膜，放置约20分钟。

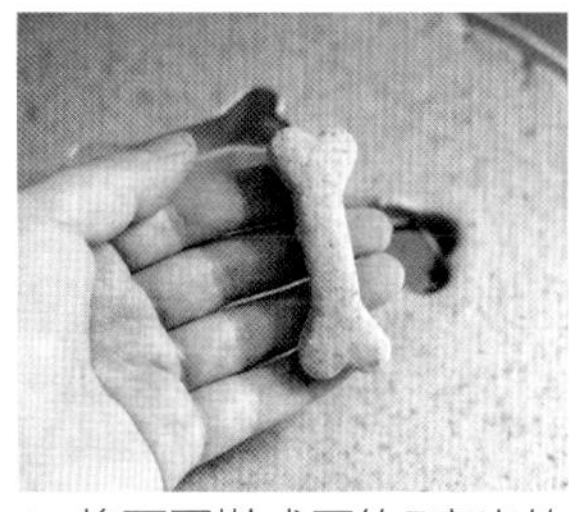
3. 将面团擀成厚约5毫米的面饼，用小骨头形状的饼干模具刻出形状，摆放在烤盘中，留出间距。

4. 烤箱设定为160℃，预热10分钟。将烤盘放于中层，150℃烤20分钟出炉。

这是一款专门为狗狗设计的具美毛功能的小饼干。选择蛋白质含量丰富的羊奶粉作为蛋白质的主要来源，富含ω-3亚麻酸的亚麻籽粉作为优质脂肪酸来源，可以在滋养狗狗被毛的同时，减少皮肤炎症的发生。

牛肝煮熟，可以脱掉一些水分。牛肝中的维生素A含量极高，即使少量食用也能获取高含量的维生素A，给狗狗的皮肤供给营养，提升皮肤表层细胞的健康和屏障功能，减少角质细胞的大量脱落，有助于缓解大量皮屑的困扰。

蛋黄中含有丰富的卵磷脂，又称为蛋黄素，可以促进体内胆固醇代谢，防止动脉硬化和促进肝脏细胞再生，还是胰腺保持正常功能所需营养素。经常给狗狗食用，对健康十分有利。

很多狗狗不爱吃蔬菜，我想了很多办法将蔬菜添加到日常饮食中，比如，选择狗狗喜欢的蔬菜如南瓜、红薯等加工成蔬菜泥。

三色鸡肉
夹心软曲奇

原料

A．南瓜面皮

小麦面粉 80 克

羊奶粉 25 克

南瓜粉 20 克

水 45 毫升

B．菠菜面皮

小麦面粉 80 克

羊奶粉 25 克

菠菜粉 20 克

水 45 毫升

C．馅料

鸡胸肉 150 克

做法

1. 将两种面皮所需原料分别和成面团，用保鲜膜包住，静置20分钟。

2. 将两种面团分别擀成厚约3毫米的方形薄面饼，鸡胸肉切成薄片铺于表面。

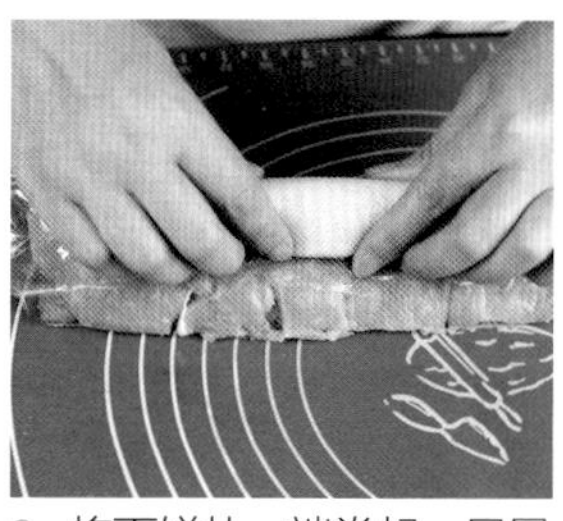

3. 将面饼从一端卷起，尽量卷紧，呈均匀的圆柱形，包上保鲜膜，放入冰箱冷冻1小时。

4. 将冻好的鸡肉卷取出，切成厚约4毫米的片，摆放于烤盘中，留出间距。

5. 烤箱设定为160℃，预热10分钟。将烤盘放于烤箱中层，150℃烤25分钟出炉。

先将鸡胸肉放冰箱冷冻1小时再取出切片，比较容易控制切片厚度。鸡肉片经过高温烘烤后会缩水，所以不要切太薄。切好的鸡肉片，可以用厨房纸将表面的水分吸干，避免在烤制过程中渗出太多水分，影响美观。

南瓜粉、菠菜粉可直接买成品，也可将南瓜、菠菜烘干后打成粉末。当然，将南瓜和菠菜做成泥也没问题，只是水分较多，会影响面团成型。若使用蔬菜泥，可用蔬菜泥代替配方中的水。

这一款饼干，是我专门为我家10岁的PP设计的。PP是一只红棕色贵宾犬，有些牙齿已经脱落，不能啃咬太硬的食物。而且，2019年3月，PP经历了一场开胸手术，食管经过缝合后变窄，吃过硬的、大颗粒的食物都可能噎着，所以我尽量给它做一些软的、小颗粒的食物。

刚经历过手术的狗狗特别需要补充营养，但大病初愈后可能存在进食量少的问题，这时可以适当增加食物的总热量，即使少量进食也可以轻松摄取到一整天所需，同时大大减轻肠胃消化的压力。

动物虽然不会说话，但是如果所吃食物令它消化不良或者身体不适，它很可能对此类食物的气味、形态产生不良印象。食物消化过程中的身体感受会影响到它对食物的偏好和兴趣，所以要给它提供最适合的食物。

牙口不好的狗狗吃什么？我首先想到了曲奇。很多人超爱软曲奇的口感，但人类的软曲奇配方是利用大量的油脂来达到让饼干柔软的效果，其实不太健康。在这款软曲奇中，我选择高质量且易消化的鸡胸肉作为蛋白质的来源，并直接将鸡肉切成片夹在中心，这样做可以让曲奇的风味更加浓郁，提高狗狗对食物的兴趣。

鸭肉羊奶熊猫饼干

原料

A．燕麦羊奶面团

燕麦粉 60 克

羊奶粉 25 克

黄油 15 克

水 25 毫升

B．鸭肉羊奶面团

燕麦粉 100 克

鸭胸肉（煮熟后打碎）100 克

羊奶粉 15 克

水 45 毫升

做法

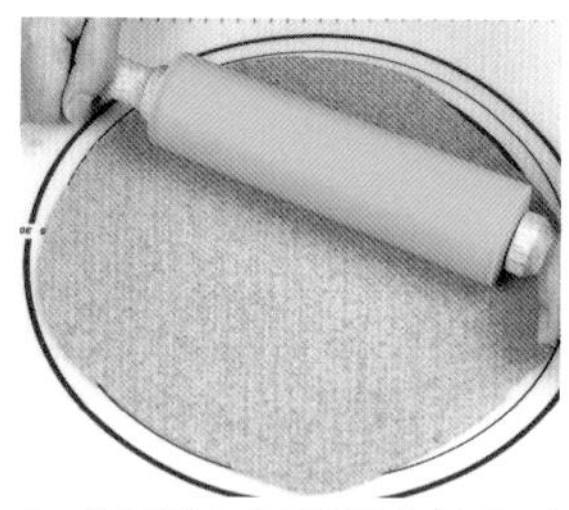

1. 将两种面团所需食材分别倒入盆中，和成面团，再分别擀成厚约3毫米的薄片。

2. 用小熊猫的饼干模具分别制作出两种颜色的饼干胚，组装成双色熊猫，摆入烤盘中，留出间距。烤箱设定为160℃，预热10分钟。再放入烤盘，150℃烤25分钟出炉。

煮熟的鸭胸肉含水量比较低，适合添加在饼干中，而且气味香浓，是狗狗特别喜爱的肉类之一。

很多种天然食材中都能获取优质的抗氧化剂，比如紫色和黑色的食物中往往含有丰富的花青素，植物油中含有丰富的维生素E，狗狗的饮食中可以适当添加。

尽量将面团和成比较柔软的状态，组装时在接触面刷一层薄薄的清水，有助于两层面团的黏合，以免因面团干燥导致出炉后饼干分离。

04

节日、特别纪念日专属美食

也许你和我一样，因为某个瞬间被触动，就萌生了想要为狗狗亲自下厨的想法。

2010年，我生日那一天，先生订了黑森林蛋糕回来为我庆祝。我们把做好的饭菜和生日蛋糕一起放在了家里的矮桌上，坐在沙发上准备开饭。这时，我的闪闪，当时还不到1岁，也早早坐在我旁边。它当时的眼神和滴落在地板上的口水，我至今记忆犹新。我站起身来，拿了一根它平时最爱吃的肉条给它，希望借此转移它的注意力，去享用属于它的食物。然而，它只是看了几眼肉条，便坐回到我们身边来了。我知道，它是多么希望和我们一同享用桌子上的美味，但我们的饭菜中放了那么多的盐和调味料，还有蛋糕中的巧克力和樱桃酒都是它完全不可以吃的食物。最后，闪闪在满怀期待和失望中看着我们庆祝生日和享用美味大餐，而它却只能闻闻弥漫在空气中的香气。

从这一天起，我开始试着寻找一种方法，让狗狗可以尽量多地与我一同分享美味，让它在特别的日子里也可以有一份自己专属的美食。2010年6月18日，闪闪1岁生日，我为它做了一款专属蛋糕，为它庆祝生日。这也是最早的宠物生日蛋糕的样子。

在接下来的每一个节日里，不论吃什么，有我的一份，也有它的一份。这些年，我不仅研发了狗狗专属的生日蛋糕，让更多的狗狗都可以拥有真正属于自己的生日，还专门设计了中秋节宠物月饼、圣诞节宠物蛋糕、迎新年的宠物年夜饭、宠物饺子、宠物粽子等节日美食。

有爱宠相伴的每一个特别节日，我们和狗狗一起分享节日美食。

喂食建议：根据狗狗体型大小及消化情况合理喂食，少量喂食，初次食用时注意观察有无不良反应。

生日——萌爪蛋糕

原料

低筋面粉 30 克　　玉米粉 10 克　　牛肝和鸡肉（煮熟的）适量

羊奶粉 20 克　　鸡蛋 2 个　　黑色食用色素适量

做法

1. 将鸡蛋打入无油、无水的容器中，用打蛋器打发至纹理清晰状态，将粉类食材过筛到蛋糊中，翻拌均匀。

2. 将牛肝和鸡肉分别打碎。

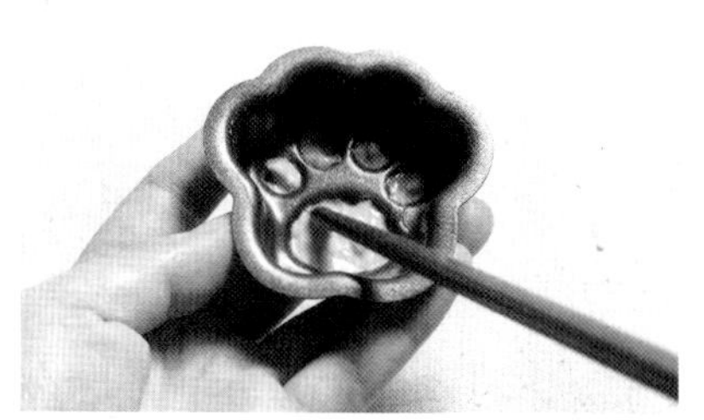

3. 取少量面糊与黑色食用色素混合成黑色面糊，取少量填入小爪子模具的爪垫部分，入烤箱170℃烤1~2分钟后取出。

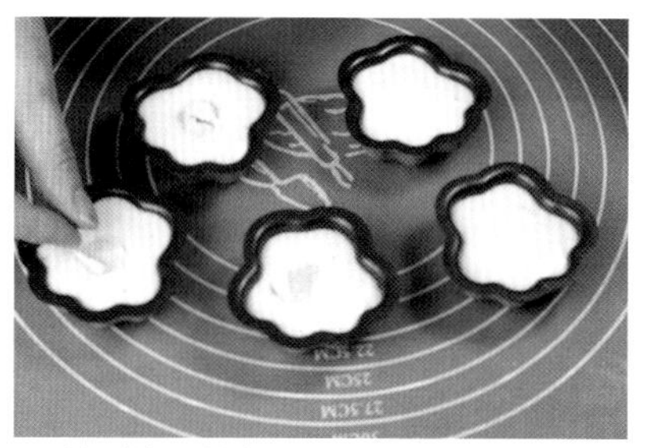

4. 将剩余面糊与肉类混合均匀后一起倒入模具中，至9分满。放入烤箱中层，170℃，烤20分钟即可。

这款造型可爱的爪子小蛋糕，最初是因为制作蛋糕的原料有剩余而顺手做出来的，没想到两只狗狗特别喜欢。小巧的身形方便外出时携带，也不用担心每次吃太多造成肠胃消化压力的问题。

我常常多做一些，分给小区里一起遛狗的朋友们，因此还带动了身边的很多狗狗主人，纷纷尝试亲手给自家的狗狗制作这种迷你小蛋糕。有时候，美食确实可以成为人们交流的纽带。

和平时吃的蛋糕相比，我会减少油脂的用量，尽量做到低脂。在口感方面，考虑到狗狗不充分咀嚼的特点，过于松软的质地并不利于狗狗吞咽的习惯，我把蛋糕的硬度调整到最为合适的程度，这样狗狗吃起来才更安全。

网上有非常多的小巧模具可供大家选择，不一定是爪子的造型，也可以是小骨头或其他形状。

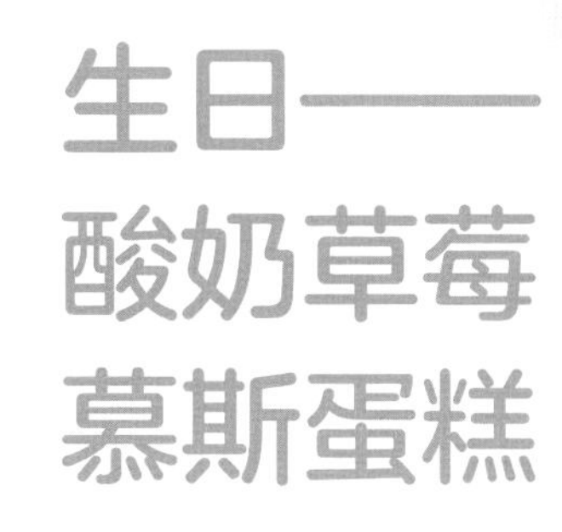

生日——酸奶草莓慕斯蛋糕

原料

奶油奶酪 100 克
自制酸奶 120 克
吉利丁片 1 片
新鲜草莓（切片）适量
圆形饼干适量

做法

1. 将奶油奶酪提前软化后用打蛋器搅打至顺滑状态，加入酸奶搅拌均匀。

2. 吉利丁片剪成小块，在冷水中泡5分钟后捞出，隔水加热至融开后加入奶酪糊中，搅拌均匀。

3. 将奶酪糊倒入模具中，并将切好的草莓片贴在模具四周。

4. 加入圆形饼干，继续倒入剩余的奶酪糊，入冰箱冷藏4小时。

5. 取出凝固的慕斯蛋糕，用吹风机的热风加热四周，帮助脱模。

人吃的慕斯蛋糕原料中有奶油，但奶油中的乳糖可能产生乳糖不耐受的风险，所以我推荐使用经过发酵的奶油奶酪，安全性比较高。更要注意的是，奶酪中的马斯卡彭并未经过充分发酵，不太适合给狗狗吃。

家庭自制无糖酸奶完全不含食品添加剂，又健康又安全，不妨试一试。自制无糖酸奶时，一定要用全脂牛奶来制作（保证风味和成功率），一定不要使用代糖来增加甜味。在前面已经讲过，木糖醇对宠物来说可能会要命的，这绝不是危言耸听哦。

没吃完的蛋糕应放冰箱冷冻保存，第二天提前取出解冻，恢复到室温后再给狗狗吃。也可以用微波炉、烤箱等略加热后再食用。

生日——
蔓越莓鸡肉
杯子蛋糕

原料

低筋面粉 40 克　　鸡胸肉 50 克　　鸡蛋 2 个

羊奶粉 15 克　　蔓越莓碎 3 克

做法

1. 将鸡蛋打入干净的盆中。将鸡蛋盆放于温水中用电动打蛋器打发至蛋糊发白的浓稠状态。

2. 将面粉和羊奶粉过筛到鸡蛋糊中，快速翻拌均匀。

3. 将鸡胸肉切成小块，放入料理机中，打成泥状。

4. 将鸡肉泥与面糊混合搅拌均匀后，挤入模具中，填至8分满。表面撒上蔓越莓碎加以点缀。

5. 烤箱170℃预热10分钟。蛋糕模具放入烤箱，160℃，25分钟，蛋糕烤至金黄色出炉即可。

此方在海绵蛋糕的配方基础上进行了改良，去除了油脂，使初学者的成功率能够更高。

将蛋盆放在热水中能打发得更快，冬天进行全蛋打发时可以采用隔热水打发法。

生日——裸蛋糕

原料

蛋糕坯 1 个
老酸奶 1 盒
紫薯泥（或红薯泥）适量
大颗肉粒适量
蔬菜适量

做法

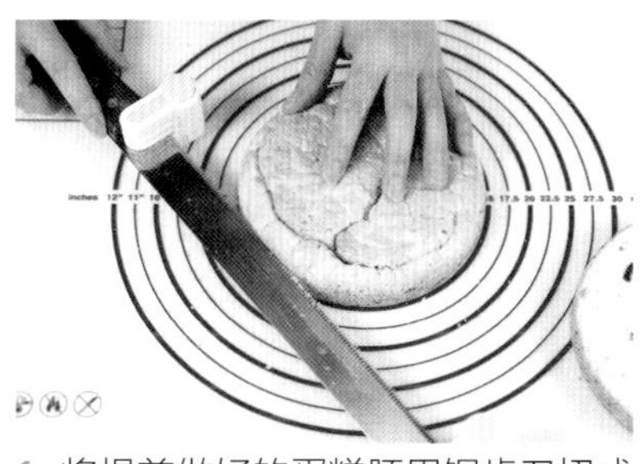

1. 将提前做好的蛋糕胚用锯齿刀切成薄片。

2. 取一个蛋糕模具，内壁先铺一层防油纸，放入一片蛋糕铺底。

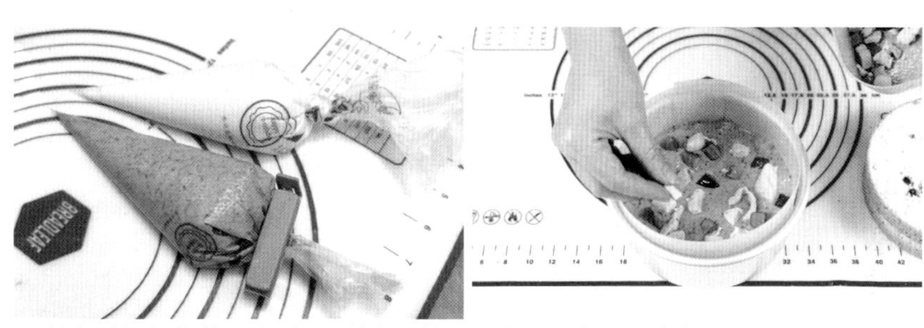

3. 将老酸奶与紫薯泥分别调和均匀并挤入蛋糕模具中，厚度参考蛋糕片，加入适量大颗肉粒和蔬菜。

4. 放入第二片蛋糕，摆放平整。

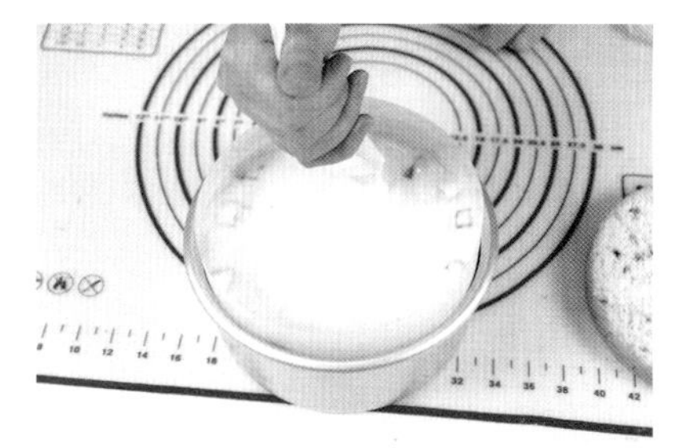

5. 重复第3步、第4步的操作，直至蛋糕模具被铺满或达到自己喜欢的厚度。根据自己的喜好来进行表面装饰。

1．之所以叫作裸蛋糕，应该是因馅料外露而得名的吧。打破了传统蛋糕的样式，把丰富的馅料分层夹在蛋糕中间，看上去让人食欲大增。

2．为了能够切出薄厚均匀的蛋糕片，推荐使用蛋糕分层器这种辅助工具，可以保证非常均匀。

3．人吃的蛋糕中往往含有大量的油脂、糖和淀粉，有些食材也不一定适合家里的狗狗，而且人可以食用的有些代糖类食品可能会对狗狗的生命造成威胁。所以我不会购买人吃的蛋糕给狗狗食用。

没吃完的蛋糕应放冰箱冷冻保存，第二天提前取出解冻，等恢复到室温后再给狗狗吃。也可以用微波炉、烤箱等略加热后再食用。

新年——鸭肉蔬菜饺子

原料

A．南瓜面	B．翡翠面	C．馅料
面粉 100 克	面粉 100 克	鸭肉 100 克
南瓜泥 70 克	羊奶粉 25 克	南瓜 20 克
羊奶粉 25 克	菠菜汁 50 毫升	西蓝花 10 克
		香菇 5 克

做法

1. 香菇焯水，南瓜、西蓝花切块、和鸭肉一起用料理机打成馅料状态。

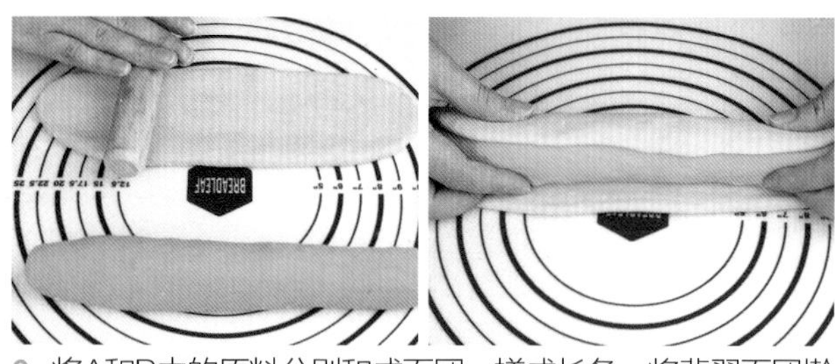

2. 将A和B中的原料分别和成面团，搓成长条。将翡翠面团擀成长方形，把南瓜面团裹住并封住接口，揉成直径约5厘米的粗条。

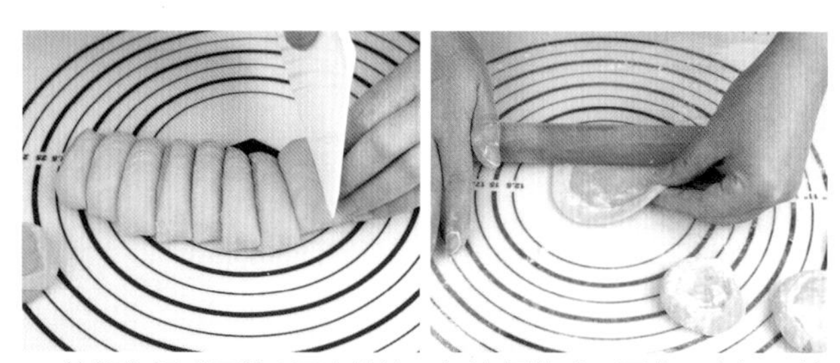

3. 将粗条切成厚约1厘米的片，每片都擀成四周薄、中间厚的面皮。

4. 在面皮中心放上适量肉馅，包成饺子的形状。

5. 将包好的饺子摆放在蒸锅中，大火将水烧开后转中火，蒸10分钟即可。

人吃的饺子中有一些调味料是狗狗不可以食用的。其实很多宠物的节日食品，都是在把宠物拟人化的前提下诞生的。

饺子的馅料可以丰富多样，保证以瘦肉为主，佐以多种蔬菜即可。

面团中的蔬菜泥和用水量可以酌情增减，以面团柔软、不粘手为准。

这款专门为狗狗设计的饺子，建议采用隔水蒸的方式加热，与煮饺子相比，蒸饺表面水分较少，放凉后，表面会更加干燥。

如果是给小型犬吃，建议将饺子切开，以方便它进食。

狗狗对黏性高的食物并无好感，有的甚至非常讨厌。我曾经看到一只狗狗因为吃的食物将牙齿粘住，不停用前爪抓自己的嘴巴。过于黏稠的食物会让适口性下降，这是我们为狗狗制作食物时应注意的。

元宵节——萌宠汤圆

原料

A．汤圆皮

南瓜 80 克

中筋面粉 50 克

全麦面粉 20 克

羊奶粉 15 克

黑色食用色素适量

B．馅料

三文鱼 100 克

圆白菜 25 克

黑芝麻适量

做法

1. 将两种面粉和羊奶粉混合并分成2份，其中1份里再加入南瓜泥，分别加适量水和成白色面团、黄色面团。取少量面团，抹少量黑色食用色素，揉成黑色面团。

2. 将馅料切碎后拌匀。

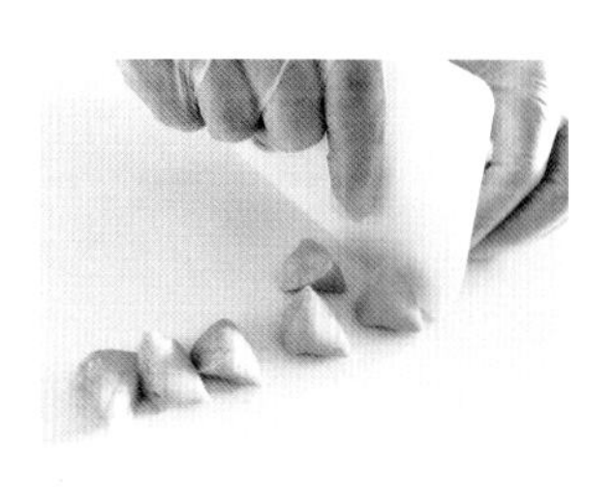

3. 将黄色面团切成每个约10克的小剂子。

4. 将小剂子压扁后包入适量馅料。

5. 包好后揉成圆球形。

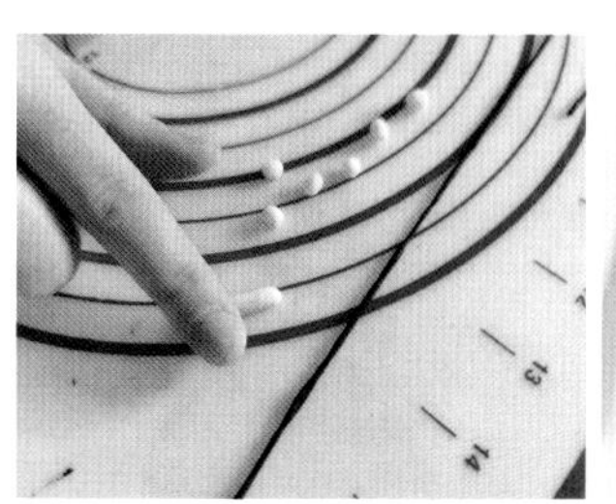

6. 用白色面团和黑色面团，分别做成耳朵、眼睛和胡须等形状。

7. 在汤圆表面抹一点水，用牙签或镊子组装好。蒸、煮、烤均可，时间大约15分钟。

人吃的汤圆、元宵主要是由糯米粉等制作而成，不适合给狗狗吃。这款特别为宠物调制的汤圆面皮不黏腻，馅料也是它们喜爱的鲜肉和蔬菜，健康又美味。汤圆的造型可以自己灵活变化，例如，虎年来了做个小老虎，喜欢熊猫也可以做成熊猫的样子。以前我制作过一款可爱的萌爪造型，流行了好几年。

在制作过程中要注意给面团保湿，可以用保鲜膜将面团盖起来，以免面团干裂。

一次做得多，吃不完，可将制作好的汤圆装入保鲜盒中，入冰箱冷冻保存。

端午节——肉粽

原料

鸡胸肉 100 克
金枪鱼 100 克
胡萝卜 20 克
南瓜 20 克
燕麦片 20 克
枸杞 3 克
山楂 3 克
蛋黄适量
粽叶适量
棉线适量

做法

1. 粽叶用清水提前浸泡48小时。

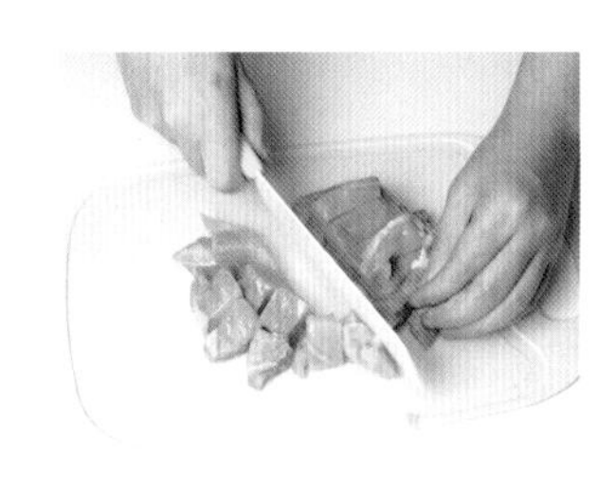

2. 将肉切成小块。

3. 将肉块与其他食材一起用料理机打碎（也可保留一小部分食材作为装饰和点缀）。

4. 取2片粽叶叠放在一起，加入馅料至九分满，压实。

5. 包好，用细绳将粽子缠好、绑紧。

6. 将粽子放入凉水锅，煮20分钟左右出锅，放凉后即可食用。

端午节吃粽子是中国人的传统习俗。人吃的粽子大多以糯米、蜜枣、腊肉、香肠等为主要原料，并不适合给狗狗吃。

糯米是一种支链淀粉含量较高的食材，其最大的特点就是黏性较强，也较难消化。因为黏性较强，吃的时候很可能粘在狗狗的牙龈上，狗狗的进食感受极差。因为较难消化，对本来就不善于消化碳水化合物的狗狗来说，也不友好。

南方人的粽子中常会加入腊肉、腊肠等食材，一般都含高盐、高油脂，腌制更算不上健康。越是吃起来香的腊肉、腊肠越可能含有较高的动物油脂，不要小看高油脂存在的短期风险，它会急剧加大胰腺的负担，引发炎症，狗狗爆发急性胰腺炎往往就是这类原因。

中秋节——玫瑰月饼

原料

A. 饼皮

小麦面粉 100 克

奶酪 20 克

羊奶粉 15 克

橄榄油 10 克

水 40 克

B. 玫瑰花

红曲粉少量

菠菜粉少量

小麦面粉少量

C. 馅料

煮熟牛肉碎 150 克

紫薯泥（或红薯泥）50 克

做法

1. 将饼皮原料混合后揉成柔软的面团。

2. 牛肉碎和紫薯泥混合均匀后分成每个约20克的小团。

3. 饼皮分成约20克一个的小团，压成薄饼。

4. 放入一个馅料小团，包住后捏紧收口。

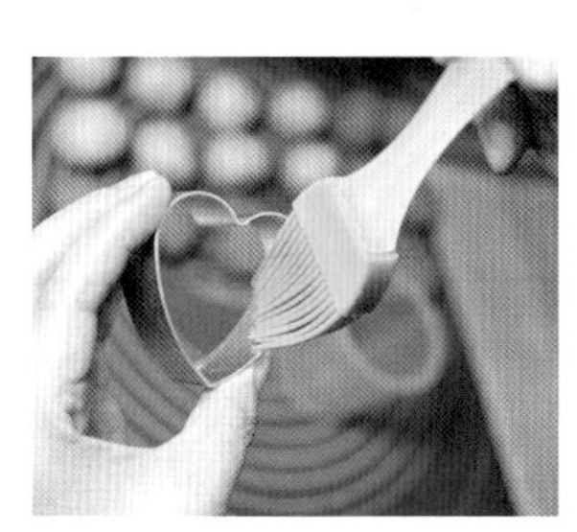

5. 将模具内侧刷薄薄的一层植物油（防粘，方便脱模）。

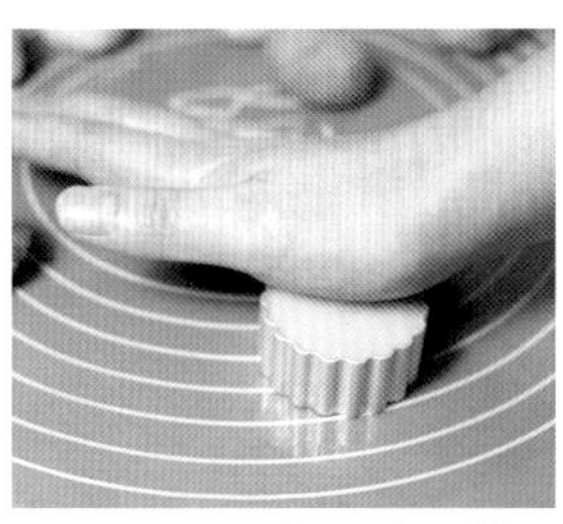

6. 将包好的生胚放入模具中，压出形状。

7. 将红曲粉和菠菜粉分别与适量面团混合后揉至颜色均匀。将红色面团搓成长片后，从一端卷起，制作出玫瑰花，装饰于小月饼表面；用绿色面团制作出绿叶，装饰于玫瑰旁边。

8. 烤箱180℃提前预热10分钟，用170℃烤20分钟即可。

人类的中秋美食——月饼，采用的食材大多数都是高油、高糖、高热量的，不建议给狗狗吃。为此，我特别设计了这款高蛋白、低脂肪、低热量的宠物专属月饼。

常见的甜菜根、紫薯、南瓜、菠菜、胡萝卜都是天然的颜料来源，不仅色彩亮丽，还营养丰富，加工方式也十分简单，直接榨汁就行。

制作月饼时，可以根据自己的喜好来装饰表面，可直接用月饼模具来压出花纹，也可以放一块小骨头来突出宠物零食的特点。

万圣节——紫薯南瓜盅

原料

玉米粉 200 克
羊奶粉 100 克
南瓜 100 克
紫薯 1 根（约 200 克）
菠菜粉 1 克
鸡蛋 1 个

做法

1. 将紫薯、南瓜切小块蒸熟。将紫薯滚成小圆球状，当成馅料。

2. 将玉米粉、蒸好的南瓜、羊奶粉、鸡蛋混合，揉成柔软面团。

3. 取少量面团，用手掌压扁，放入紫薯馅包好、揉圆。

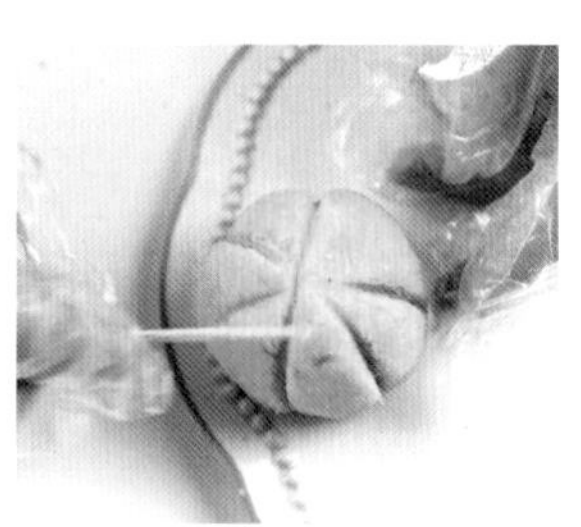

4. 用牙签在表面压出6道对称的凹线，呈南瓜瓣状。

5. 取一小块面团，加入菠菜粉，混合均匀后做成南瓜柄状，插在小南瓜顶部。

6. 将做好的小南瓜摆在蒸屉中，大火烧开后转中火蒸15分钟即可。

想到万圣节，便有非常多搞怪的造型，但我最爱的是圆嘟嘟的可爱小南瓜，于是便产生了为我的狗狗制作一道有万圣节风情的美味的想法。

我的两只狗狗平日里主要吃高蛋白的鲜食或颗粒狗粮，膳食纤维摄入量并不十分理想，尤其是在吃无谷膨化狗粮的日子里。因此我会给它们额外添加一些蔬菜，让肠道的蠕动性更好。在制作小点心时，可以适当选择粗粮类的食材，比如燕麦、玉米、黑米等，都是富含膳食纤维的天然食材，不仅可以促进肠道蠕动，减少便秘问题，而且少量食用就可以提升饱腹感，对于想控制体重的老年狗狗来说是非常理想的。

我特别偏爱紫色的天然食材，家中常备紫薯、紫甘蓝等。这类食材中富含花青素等抗氧化成分，可以帮助狗狗抗氧化，提高免疫力，减少疾病的发生。

圣诞节——树桩蛋糕

原料

A．蛋糕胚

三文鱼肉碎 80 克

小麦面粉 60 克

羊奶粉 15 克

鸡蛋 3 个

水 60 毫升

西蓝花碎少许

B．南瓜鸡肉馅

南瓜泥 60 克

鸡肉碎 50 克

C．奶酪酱

奶油奶酪 80 克

角豆粉 3 克

做法

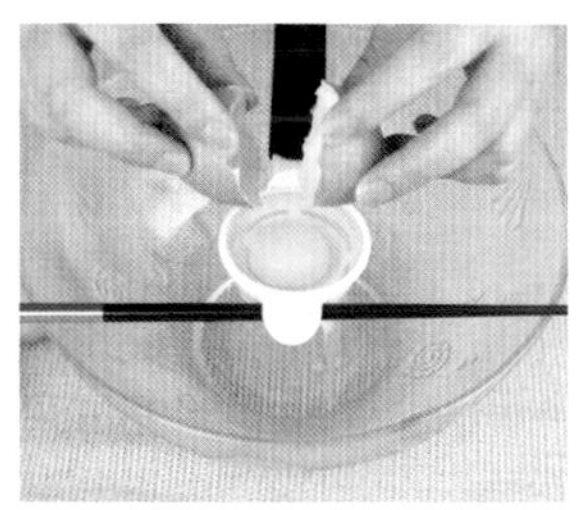

1. 将蛋清与蛋黄分离，放入两个干净的盆中。

2. 蛋黄中加入玉米油和水，充分混合均匀。

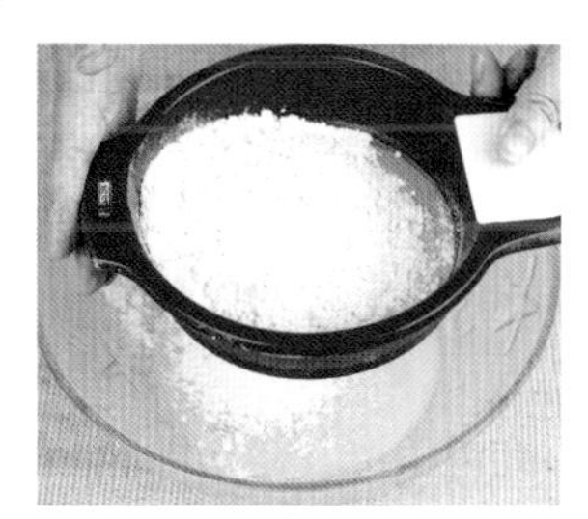

3. 将面粉过筛到蛋黄液体中，搅拌成无颗粒的面糊。将煮好的三文鱼肉碎、西蓝花碎放入并充分搅拌均匀。

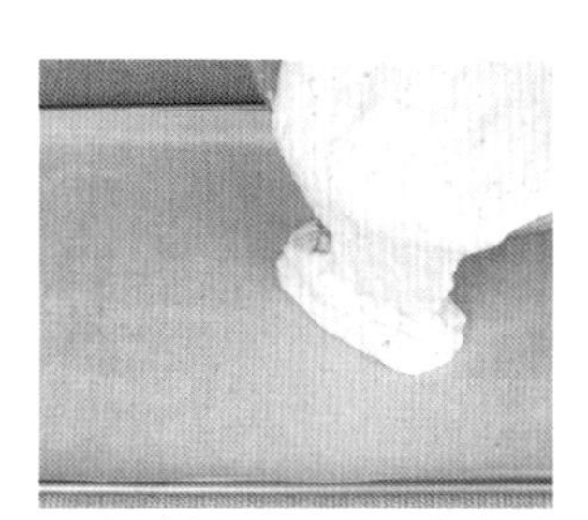

4. 电动打蛋器调至中高速度，将蛋清打发至头部形成弯曲带尖的湿性发泡状态，与蛋黄面糊翻拌均匀，倒入铺好油纸的烤盘中，震平。

5. 烤箱180℃预热10分钟，烤盘入烤箱，170℃烤15分钟，出炉后扣在散热网上，立即揭下油纸，将油纸盖在蛋糕上面保湿。

6. 蛋糕凉透后，在蛋糕表面抹南瓜泥和鸡肉碎，从蛋糕一端开始卷，卷至末端。可用一根擀面杖辅助完成。

7. 奶油奶酪隔热水软化后，打成顺滑状态的白色奶酪酱。

8. 先留出一部分白色奶酪酱，剩余部分加入角豆粉调制成巧克力色，抹在蛋糕卷表面，用脱模刀或者牙签划出树干的纹理。

9. 将白色奶酪酱装入裱花袋，挤在侧面，勾画出年轮图案。表面可以装饰一些小肉干或者小饼干。

我们都知道狗狗不能吃巧克力，所以我用天然的植物蛋白来源——角豆来代替巧克力。天然的角豆呈现类似巧克力的颜色，气味也与巧克力极为相似，但不含任何对狗狗有害的成分，是制作“巧克力”风味宠物食品的最佳选择。

角豆粉由角豆经过精细碾磨、干燥及烤制而成，热量低且不含脂肪，还十分美味，是可可粉、巧克力的最佳替代品，可用于制作蛋糕、曲奇及糖果。

制作蛋糕卷时，特别容易出现因烘烤过度导致蛋糕卷断裂的问题，所以要注意烘烤时间不能过久，最大限度保持蛋糕中的水分和柔软度，让蛋糕片可以轻松卷起。

蛋糕出炉冷却时，要加盖保鲜纸保湿，以减少表面水分蒸发。

奶酪制品有很多种，我建议使用水分较高的奶油奶酪来制作，如果过于黏稠，可以加入少量的酸奶来调节稀稠程度，以不影响操作为主。

没吃完的蛋糕应放冰箱冷冻保存，第二天提前取出解冻，等恢复到室温后再给狗狗吃。也可以用微波炉、烤箱等略加热后再食用。

05

人宠共享美食

我相信这样的场景你一定不会陌生，当我们坐在餐桌前准备享用美味大餐时，你的狗狗一定正在注视着你。然而每到这样的时刻，狗狗主人们都会忍不住自言自语："不用看我，我吃的食物你不能吃"。但也不乏心软的主人，会让狗狗品尝人类的饭菜，其实这样做的风险会比较大。人类的食物往往放了各种各样的调味料，其中有一些成分是不适合狗狗食用的。

既然这样，我们何不尝试着制作一些天然、健康的美食，让人和宠物可以共享呢。

在这一部分中与大家分享的美食，我称之为人宠共享美食。不仅制作这些美食使用的天然食材全部都适合狗狗食用，而且不含任何对狗狗有伤害的调味料。

有时候我甚至发现，减少调味料后，我越发爱上食物天然的味道了呢。

这里的每一道美食，如果你觉得味道过淡的话，可以尝试给自己那份中加入黑胡椒盐、番茄酱等简单的调味料，但狗狗的那一份，还是保持天然为好。

喂食建议：根据狗狗体型大小及消化情况合理喂食，小型犬每日不超过20克，中型犬每日不超过30克，大型犬每日不超过50克。

鳕鱼薯香脆脆酥

原料

鳕鱼肉 250 克
紫薯 100 克
红薯 100 克
羊奶粉 15 克

做法

1. 鳕鱼去刺、切块，入锅蒸熟后捞出，沥干水分，压成鱼泥。

2. 紫薯、红薯去皮蒸熟后，分别压成泥。

3. 将鱼泥、薯泥、羊奶粉混合均匀。

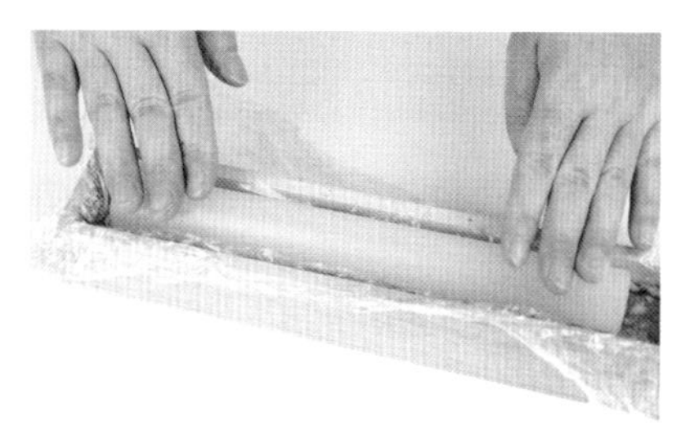

4. 将混合好的紫薯肉泥、红薯肉泥依次填入模具中压实。

5. 入冰箱冷冻1~2小时后取出，切成片或丁。

6. 烘干机设定为70℃，烘干4~6小时即可。

这是一款热量超低的小零食，鳕鱼提供优质蛋白质，紫薯负责提供花青素，羊奶也是狗狗的最爱，硬度对绝大部分狗狗来说都很适合。鳕鱼是为数不多的超低脂肉类之一，不仅可以减少消化负担，还可大大提升食物品质，对很多胰腺炎恢复期的狗狗十分有益。

紫色食物富含多酚类物质——花青素，一种超强的抗氧化成分，有利于减少身体内的自由基，减少身体内的炎症细胞，提升免疫力。

在制作这类零食的时候，可以灵活选择烹饪工具，用电饼铛、烤箱、微波炉都能完成，只是在水分含量上略有差异。给自家狗狗吃，不算什么问题。说不定还会打动高冷的猫咪呢。

脆皮肉酱
夹心饼干

原料

面粉 160 克	羊奶粉 25 克	鸡蛋黄 1 个
鸡胸肉 80 克	亚麻籽粉 15 克	水 15 毫升
黄豆粉 40 克	奶酪碎 15 克	黑芝麻碎少许

做法

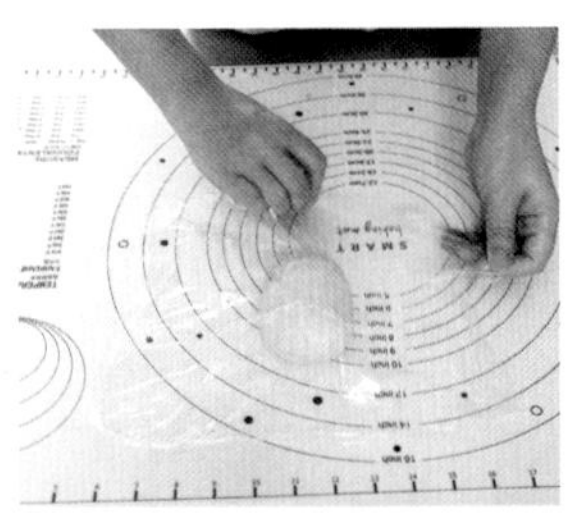

1. 将面粉、黄豆粉、羊奶粉与水混合，和成柔软的面团，用保鲜膜包住，醒发10分钟。

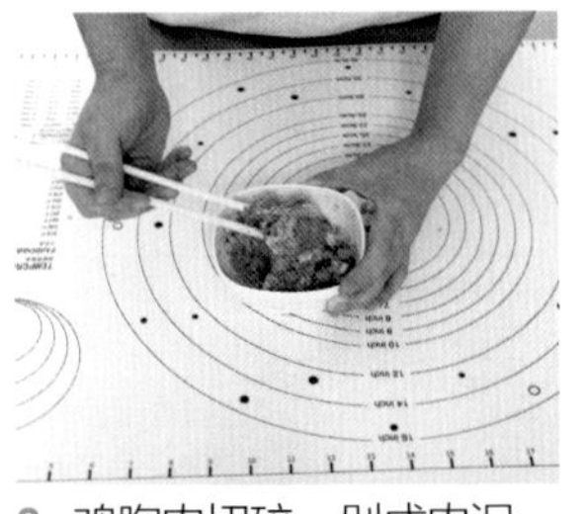

2. 鸡胸肉切碎，剁成肉泥，加入奶酪碎、亚麻籽粉，混合拌匀。

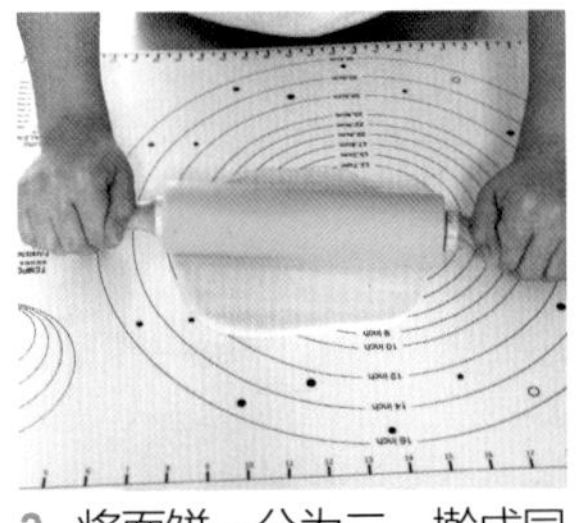

3. 将面饼一分为二，擀成同等大小的长方形。

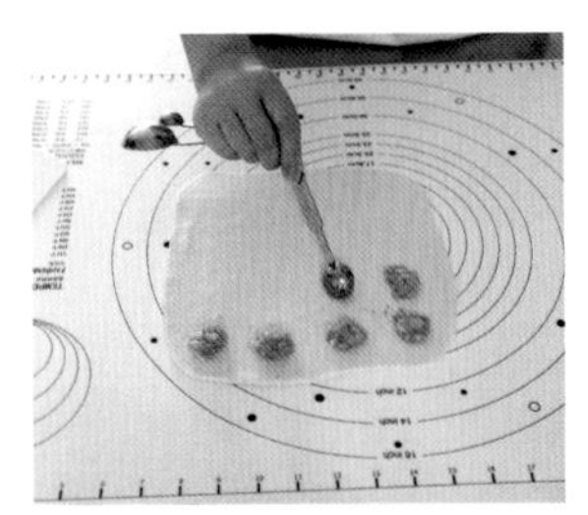

4. 取其中一片放烤盘上，将馅料分成许多小份平铺在面饼上，每份之间留出一定间隔。

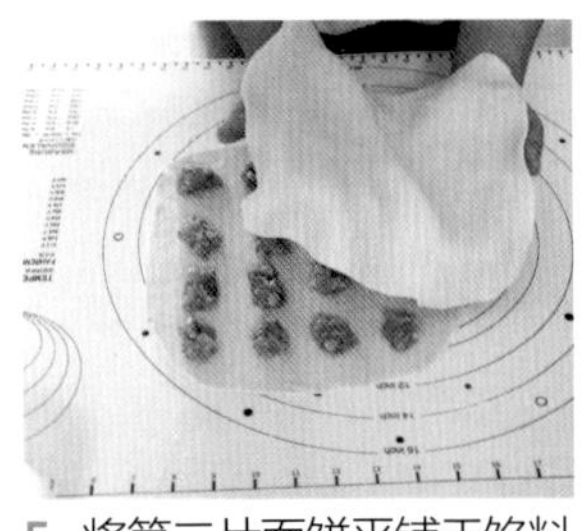

5. 将第二片面饼平铺于馅料之上，与第一片面饼对齐。

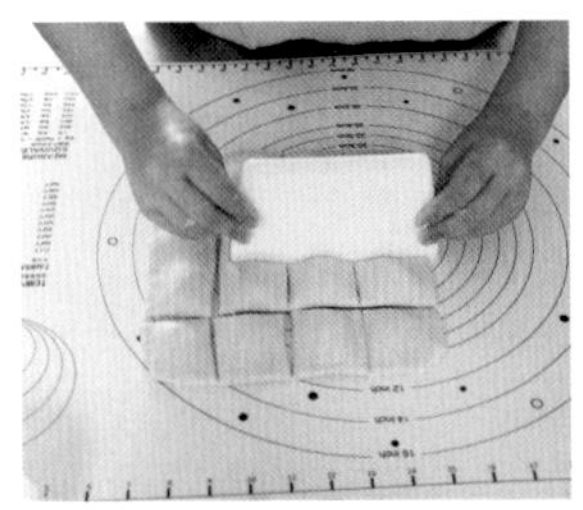

6. 用切片在无馅料处切断，变成一个个方饺，用餐叉将每一块方饺的边缘压出花纹，用牙签在方饺表面扎出透气孔。

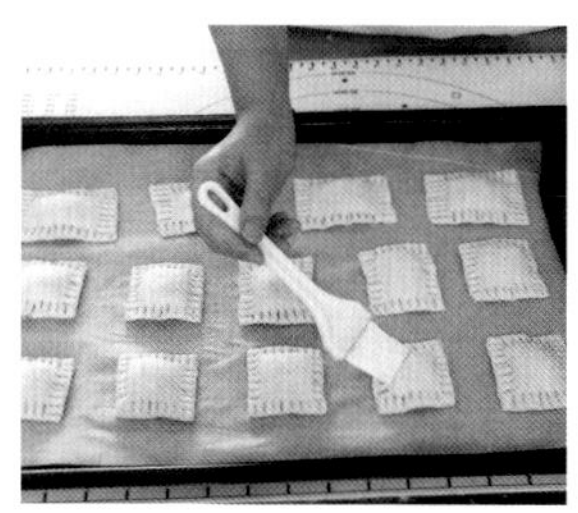

7. 将鸡蛋黄和水调成蛋黄水，用软毛刷将蛋黄水刷于方饺表面，在方饺表面撒少量黑芝麻碎。

8. 入烤箱，180℃烤25分钟即可。

这款方形的脆皮饼干，可软可硬，平时我会做2种不同的夹馅，一款鲜肉的夹馅现做现吃；另一种会选用冻干的肉块或者肉松做夹馅，把饼皮烤脆后，就可以保存更久一些，给家里两只狗狗当日常小零食。

这款饼干外皮松脆，内馅饱满。外皮的硬度非常适合狗狗食用，内馅选用了低脂易消化的鸡胸肉，为狗狗提供身体所需的蛋白质，额外添加的亚麻籽粉和蛋黄、奶酪等，富含美毛成分DHA、EPA及丰富的卵磷脂，有助于狗狗长一身靓毛。

如果想让蛋黄口味十足，可以直接刷蛋黄液，不用加10克的水来稀释。上色会更加明显，风味也更加浓郁。

大家可以用同样的方法做出各种形状的夹心饼干，爱心形、长方形等都十分可爱。

秋刀鱼蛋糕

原料

A．蛋糕坯

鸡胸肉 100 克

秋刀鱼 100 克

胡萝卜 50 克

苹果 50 克

燕麦粉 40 克

亚麻籽粉 3 克

鸡蛋 2 个

B．装饰

熟山药泥 150 克

鸡肉干适量

做法

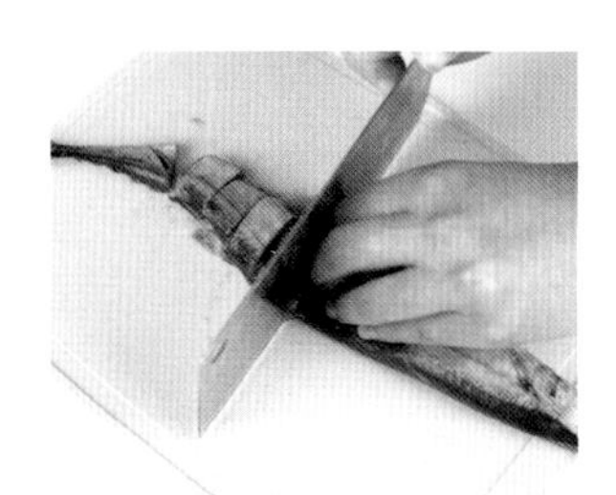

1. 将秋刀鱼和鸡肉切成小块。

2. 将原料A中的食材放入料理机中打成细滑状态。

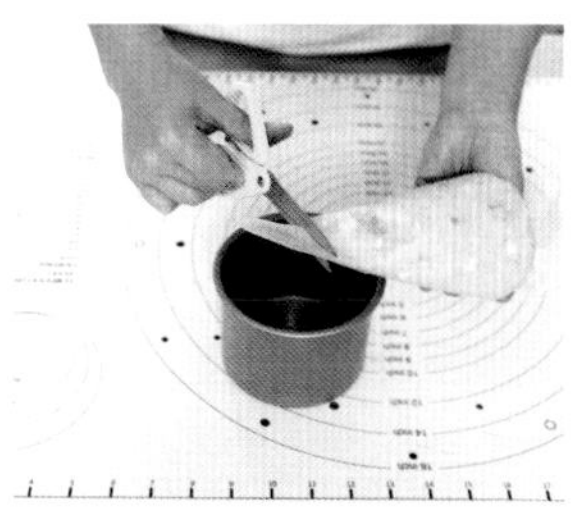

3. 将食材装入裱花袋中，在顶端剪开口。

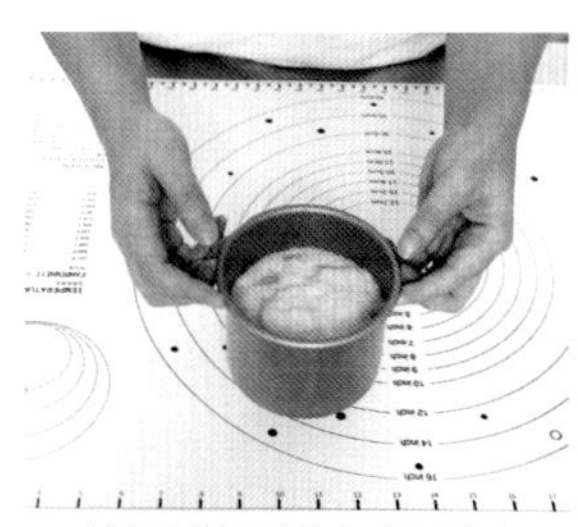

4. 将蛋糕糊挤入模具中，震平。

5. 烤箱提前预热，150℃烤40分钟。

6. 将山药泥均匀涂抹在蛋糕胚表面，在侧面贴上鸡肉干，用细绳系紧即可。最后可在蛋糕表面插上喜欢的饼干或者卡片。

秋刀鱼的营养价值相当高，除了含有人体所需的优质蛋白质，还富含EPA、DHA、铁、钙、维生素等多种营养成分。在日本寿司店中，秋刀鱼算得上是经典食品。

鸡肉奶酪甜甜圈

原料

A. 饼胚

鸡肉泥 180 克

酸奶 80 克

大米粉 50 克

燕麦片 15 克

鸡蛋 1 个

鸡肉碎、冻干草莓碎、紫薯碎各少许

B. 酸奶调味酱

原味酸奶 100 克

紫薯粉 15 克

羊奶粉 15 克

做法

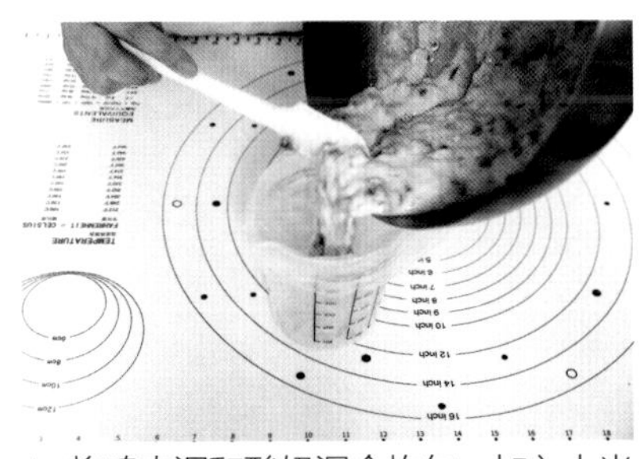

1. 将鸡肉泥和酸奶混合均匀，加入大米粉、鸡蛋、燕麦片和少量草莓碎，搅拌均匀，装入裱花袋。

2. 烤箱180℃提前预热10分钟。在烤盘底部刷油，并撒入少量鸡肉碎打底，将面糊挤入模具中至8分满。

3. 烤盘入烤箱，用170℃烤25分钟，出炉，放凉。

4. 酸奶加入紫薯粉和羊奶粉，充分搅拌均匀至无颗粒状态，装入裱花袋，挤在甜甜圈表面，最后在表面撒上少量冻干水果粒即可。

这款甜甜圈采用了大量低脂鸡胸肉作为原料，鸡蛋可以为甜甜圈带来蓬松的质地，表面更是加入了酸奶和羊奶的成分，奶香十足，既保证了营养的全面性，又拥有完美风味，是一款轻食类下午茶零食。

在最初制作这款甜甜圈时，我忍不住品尝了一下，口感软糯、清爽，鲜味十足。略带甜味的酸奶和表面松脆的冻干水果，让口感层次丰富，惊喜不断。想吃甜品又担心长胖的女孩子，完全可以尝试一下这款甜甜圈。

空闲时，我们可以一次性多制作出一些甜甜圈饼胚，冻在冰箱里。食用前加热回温，再制作一些表面的装饰性食材即可享用。

还可以将甜甜圈饼胚直接低温烤干，作为狗狗日常的磨牙零食，也是不错的哦。

如果希望甜甜圈的口感更加松软，可以采用隔水蒸的方式，能最大限度地保留食物中的水分，口感软糯，鲜香可口。

温馨小提示，不要购买含有木糖醇成分的酸奶给狗狗食用，有可能导致低血糖甚至更严重的后果。

云朵蛋糕

原料

熟鸡胸肉 30 克　　玉米淀粉 5 克

胡萝卜 10 克　　鸡蛋 1 个

西蓝花 10 克　　干虾皮 4 ～ 5 个

做法

1. 鸡肉、胡萝卜、西蓝花一起用食品料理机中打碎。

2. 鸡蛋清与蛋黄分离，取蛋清。

3. 蛋清中加入玉米淀粉，用打蛋器打至干性发泡状态。

4. 将打好的蛋清装入裱花袋中，挤入锡纸杯，中间留出空隙。

5. 将打好的馅料填入蛋清中心，摆上虾皮。

6. 烤箱预热后160℃烤15～20分钟。

尽量选择新鲜并冷藏的鸡蛋，这会让打发的工作变得更加顺畅。

用什么肉馅，完全可以根据自家狗狗的喜好灵活调整，注意以肉类为主，佐以新鲜蔬菜就好。

蛋黄也可以加一些牛奶，混合均匀后倒入蛋清中心，烤出来的味道十分鲜美，大家不妨试一试。

鳕鱼胡萝卜蛋糕

原料

鳕鱼肉 200 克	低筋面粉 40 克
胡萝卜 30 克	鸡蛋 2 个
酸奶 50 克	牡蛎 2 个

做法

1. 将鸡蛋清和蛋黄分离，分别放入2个容器中。

2. 蛋黄煮熟并放入凉水中浸泡片刻后捞出备用。

3. 将除蛋黄外的其他食材一起放入料理机中打碎。

4. 模具中刷一层薄薄的植物油（防粘）。

5. 肉泥填入模具中，8分满即可，抹平，表面加入少量蛋黄和牡蛎（装饰）。

6. 烤箱170℃烤20～25分钟即可。

我发现大多数的狗狗和猫咪都无法抗拒奶香。即使很挑食的猫咪和狗狗，也会爱上奶香十足的食物。所以我经常让学生们在食物中适当使用羊奶或者发酵类乳制品，如乳粉或乳酪，来提升食物的适口性，成功率非常高。家有挑食狗狗或猫咪的不妨试一试。

这种金属材质的包装盒，可以用于高温加工，甚至可以用微波炉直接加热，外出时扣上盖子也方便携带，家里可以常备一些。

免烤肉松
苹果粒布丁

原料

酸奶 180 克

鸡肉松 30 克

苹果粒 10 克

吉利丁片 5 克

甜菜根粉 1 克

做法

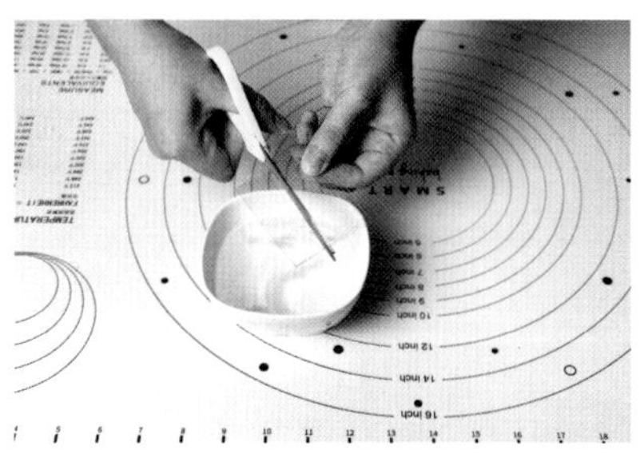

1. 将吉利丁片剪成小块，放入凉水中泡软。

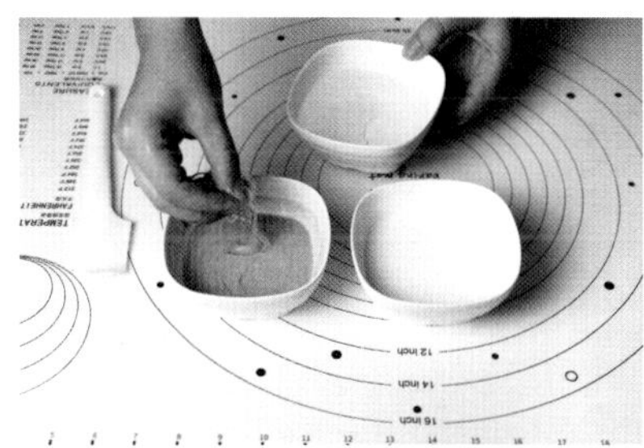

2. 将酸奶一分为二，其中一份里加入甜菜根粉调匀。将酸奶加热至40℃，放入泡软的吉利丁块，化开。

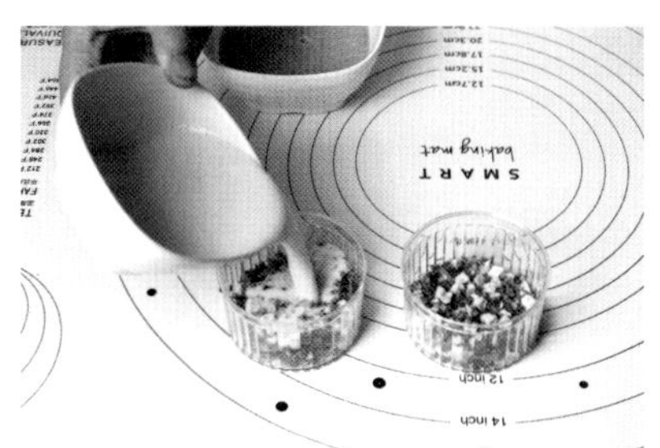

3. 将肉松和苹果粒分装到布丁杯中，加入酸奶，至9分满，混合均匀。放入冰箱冷藏1小时即可。

在炎热的季节里，这类的小零食可以解暑降温，缓解因高温带来的热应激反应。夏天的冰品也可以放至室温后食用哦，否则有可能会导致狗狗腹泻。每次不要食用过量，以免增加狗狗的肠胃压力。

布丁中起到凝结作用的食材是吉利丁，一种由动物的皮和骨头提炼而成的胶质物质，可以帮助食物凝固。吉利丁在40℃以上便开始化，当狗狗舌头接触到布丁表面时，舌头的温度让布丁开始软化，完全不用担心误食和窒息的风险。布丁很好消化，不会对狗狗娇嫩的肠胃造成负担。

制作布丁时，肉类和水果都可以根据自身的口味偏好来更换，制作出多种口味的布丁，冷藏在冰箱中，方便食用。

根据狗狗的吞咽特点，在制作布丁类产品时，不宜制作成弹性十足的质地。因为弹性太大的质地很可能因快速进食而导致误食、窒息等风险。

甜心
鸡肉大福

原料（2个的量）

A. 面皮

面粉 17 克

羊奶粉 15 克

鸡蛋 1 个

水 50 毫升

B. 馅料

土豆 50 克

车达奶酪碎 10 克

鸡胸肉碎 50 克

甜菜根粉适量

做法

1. 鸡蛋打散，加入水、羊奶粉和面粉，混合均匀至成面糊状。

2. 平底锅抹油，倒入面糊，小火加热至面糊凝固后翻面，再加热至面皮起小泡状态，饼皮就做好了。

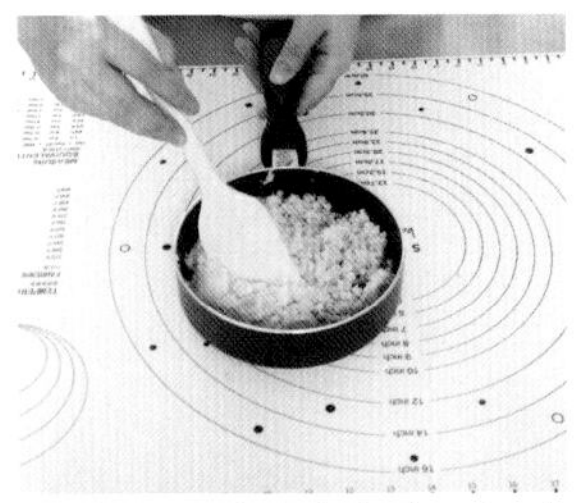

3. 土豆和鸡胸肉煮熟，打成泥，加入车达奶酪碎，混合均匀。

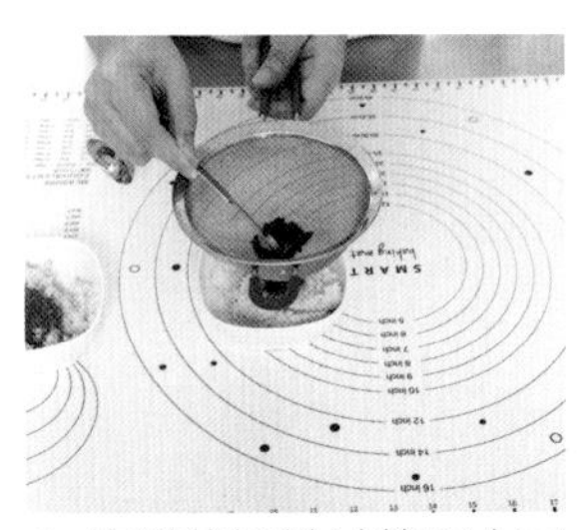

4. 将甜菜根粉过筛至土豆鸡肉泥中，制作成馅料，拌均匀。

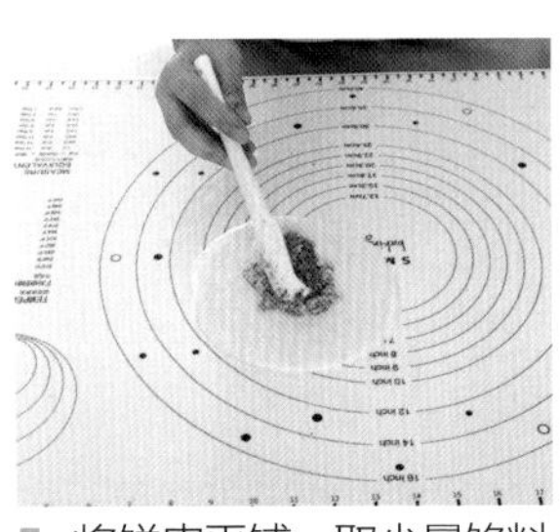

5. 将饼皮平铺，取少量馅料放入面饼中心。

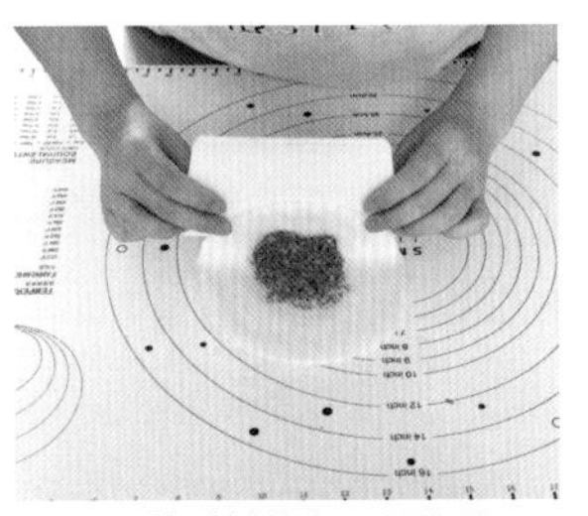

6. 用刮板将饼皮四周折起，把馅料包裹住即可。

这款点心的独特性在于，完全不使用奶油就可以制作出别样的大福，甜菜根粉将馅料调制成粉色，让这款零食有了一丝甜美的气息。不含奶油和糖，脂肪含量也不高，是一款适合减肥期享用的甜点。如果你的狗狗有肥胖或超重的问题，不妨试试这款低脂小点心。

鸡肉中的蛋白质是优质蛋白质，增强饱腹感的同时，不用担心热量过高的问题。土豆中的可溶性膳食纤维也可以提升饱腹感。我们自己吃时可以搭配一些无糖的番茄酱，风味更加独特。

我也曾经尝试过加入黑胡椒后做给自己吃，超级美味。值得注意的是，给狗狗的那一份应保持原汁原味，不要加调味料。

吃的时候，也可用微波炉加热30秒让奶酪完全化开，其风味更加浓郁。

鸡肉海苔寿司卷

原料

A. 面皮

鸡蛋 2 个

面粉 35 克

水 100 毫升

B. 馅料

土豆泥 100 克

鸡胸肉 100 克

奶酪片 20 克

马苏里拉奶酪 15 克

海苔片 2 片

海苔碎 1 克

做法

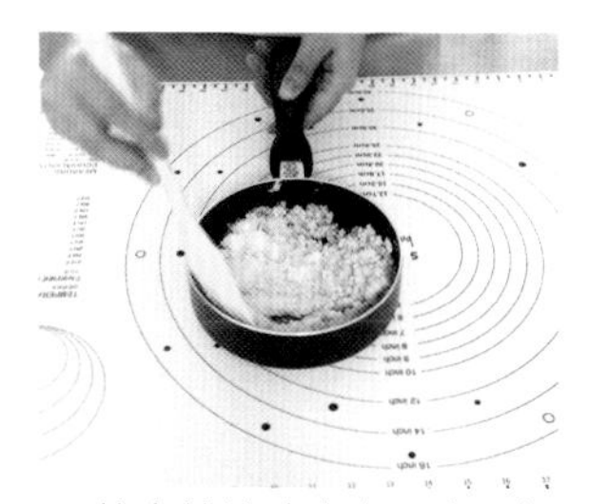

1. 将煮熟的鸡胸肉、土豆与马苏里拉奶酪、海苔一起打碎，混合均匀，制成馅料。

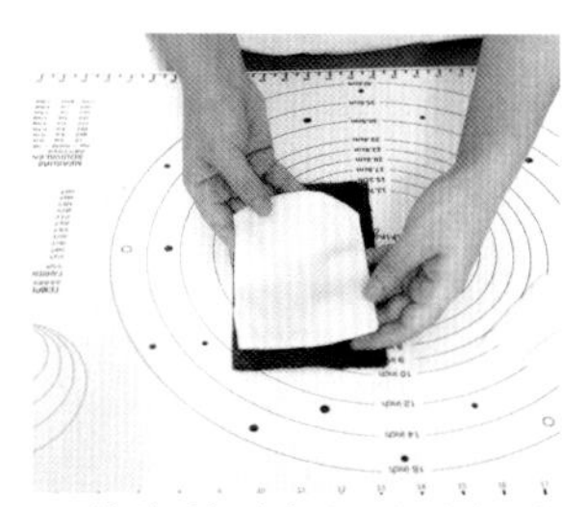

2. 将海苔片与奶酪片切成同等大小的长方形，叠放在一起。

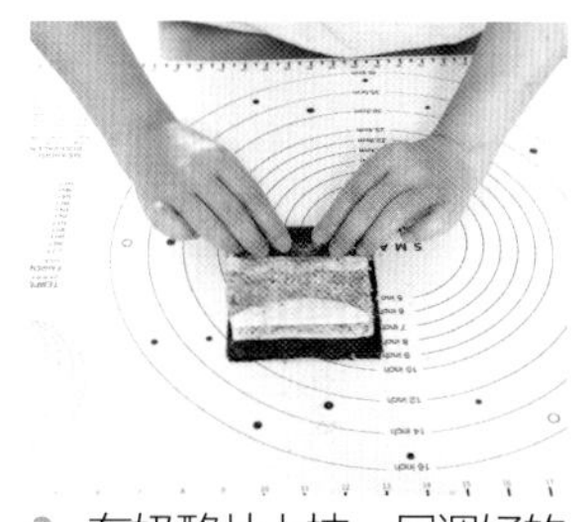

3. 在奶酪片上抹一层调好的鸡肉土豆馅，从一端卷至另一端。切成厚度约1.5厘米的小段即可。

我们制作的宠物零食，都尽量控制其中的脂肪含量，力求成为适合宠物和人吃的低脂健康食品。

有别于市售的传统寿司，这款鸡肉海苔寿司卷减少了大米这类精制碳水化合物类食材，使用低脂肉类作为馅料，添加含有丰富B族维生素的海苔，分别用于外皮和馅料。不仅味道非常鲜美，而且有利于狗狗的皮肤健康，经常食用可减少皮肤病的发生。

加热至30℃左右时，奶酪化开，香味会更加浓郁。这是一款即食性的小食，体型较小或者年龄较老的狗狗也不用担心太硬等影响食用的问题。

这款寿司也同样适合我们人吃。自己享用时，我会调一份芥末海鲜汁来搭配这款鸡肉寿司卷，风味会更加独特。

如果卷的过程中馅料分散不易成型，可以加入少量酸奶帮助调节黏稠程度，让馅料服帖，更好操作。

三文鱼
什锦饭团

原料

大米饭 200 克

三文鱼肉 200 克

胡萝卜 1 小根（约 50 克）

甜椒 30 克

鹌鹑蛋（煮熟去壳）6 个

鸡肉松适量

做法

1. 将胡萝卜切成小丁，焯水。三文鱼和甜椒切碎。

2. 将鹌鹑蛋之外的所有食材倒入一个大碗里搅拌均匀。

3. 取少量三文鱼米饭放于保鲜膜上，中间包裹一个鹌鹑蛋，用保鲜膜包裹并收口。揭开保鲜膜后，在饭团表面撒上鸡肉松和胡萝卜丁装饰即可。

用鸡蛋作为夹心时，有时可能包不好，所以我选择个头儿较小的鹌鹑蛋来制作。蛋白煮熟后不用担心消化问题，鹌鹑蛋不仅营养丰富，还特别适合制作小点心时使用。

我们自己享用这款美味小食的时候，可以调制一些自己喜欢的酱汁，油醋汁或芥末酱油都不错。

借助保鲜膜不仅可以防止粘手，还特别容易成型。

牛肉蛋卷

原料

牛肉泥 50 克

水 30 克

南瓜 20 克

木耳（泡发）3 克

鸡蛋 2 个

做法

1. 将牛肉、南瓜和木耳放入料理机中打碎。

2. 鸡蛋打散，加水搅打均匀。

3. 平底锅刷一层油，倒入适量蛋糊，并均匀撒入一部分牛肉馅料。

4. 将蛋皮从一端卷起，在锅中空出的地方继续倒入蛋液，重复上一步骤。

5. 将所有的蛋液用完，形成一个多层的蛋卷。

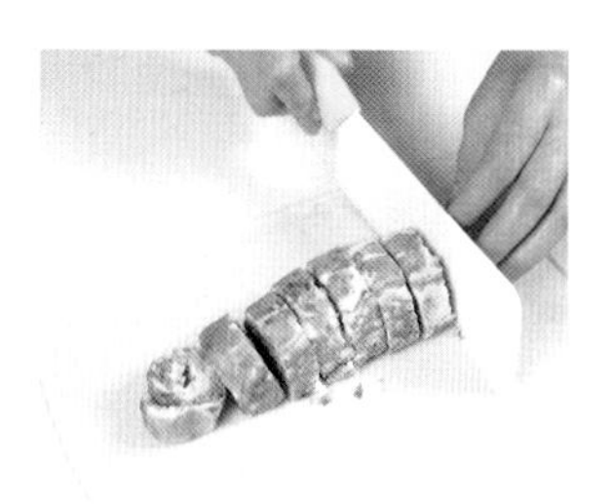

6. 将厚蛋烧切成厚约1厘米的片，放凉后即可食用。

厚蛋烧是我平时特别喜爱的早餐。有一天，我家闪闪那特别期待的眼神，让我产生了为它也做一份的想法，于是便有了这个宠物版厚蛋烧食谱。

在制作过程中，切记要全程开小火，以防锅太热导致蛋皮过硬，在卷的时候容易断裂，影响成型。

牛肉、南瓜、木耳可以换成自家狗狗喜欢的肉和蔬菜。城市中的狗狗很多都缺乏运动，有些老年狗狗可能会出现便秘等问题。我家闪闪13岁高龄，我会在每天的自制食物中加入适量含有丰富膳食纤维的食材，一可有效防止便秘，二可让肠道的微生物环境更加健康。

牛排三明治

原料

面粉 60 克

羊奶粉 15 克

水 30 毫升

牛排 2 片

生菜 2 片

鸡蛋 1 个

做法

1. 将面粉、羊奶粉、鸡蛋与水混合搅拌均匀。

2. 电饼铛加热，倒少量油，放上模具，将面糊倒入。定型后翻面，煎至两面金黄。

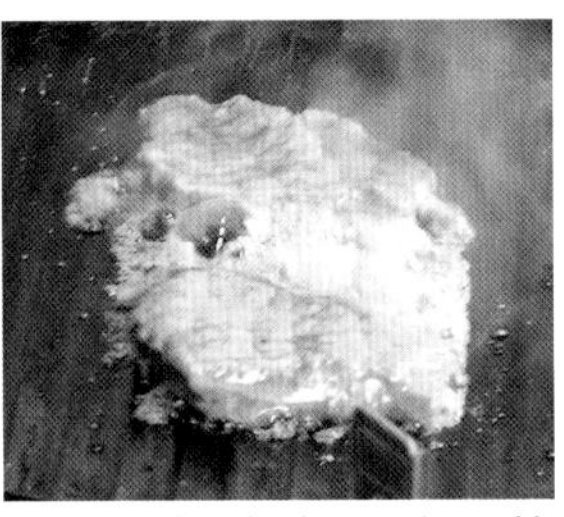

3. 牛肉切成约2厘米厚的片，放入电饼铛中煎至两面熟透。

4. 将牛排和生菜夹入两片饼中间。

我经常用牛肉来制作牛排、肉饼。蒸煮的方法可以让食物多汁，煎烤的方法可以让肉类别有一番风味。在家中可以尝试不同的食物烹饪方式，收获更多不同的风味，让同样的食材变成各种各样的美味。狗狗也可以和我们一同享用。

食用肉类时，最好能配上少量绿叶蔬菜，最佳搭档是生菜叶或者紫苏叶。不仅可以让肉类食物更加清爽，还可以促进肠道蠕动，帮助消化。

紫苏是比较常见的植物香草，在日本料理店和韩国料理店中较为常见，尤其是烤肉店中。近些年，我发现销售大闸蟹的商家也会为顾客配备干燥的紫苏叶作为螃蟹的搭档。你思考过这是为什么吗？其实就是因为紫苏中的芳香类成分，不仅可以促进食欲，还有助于肉类尤其是海鲜类食物的消化，以免出现消化不良的问题。有这方面困扰的狗狗主人们不妨试一试。

海陆至尊
比萨

原料（6寸比萨用量）

A. 饼坯	B. 馅料
高筋面粉 100 克	牛肉碎 30 克
水 50 克	奶酪 30 克
黄油 10 克	金枪鱼肉丁 20 克
酵母 1 克	胡萝卜 20 克

做法

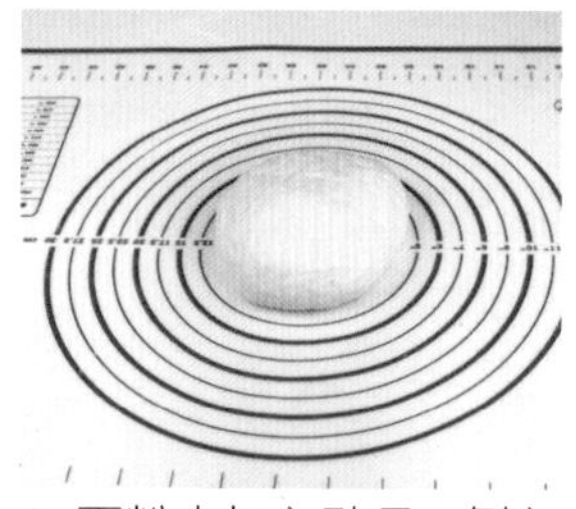

1. 面粉中加入酵母，倒入适量水和黄油，和成柔软面团，室温发酵40分钟。

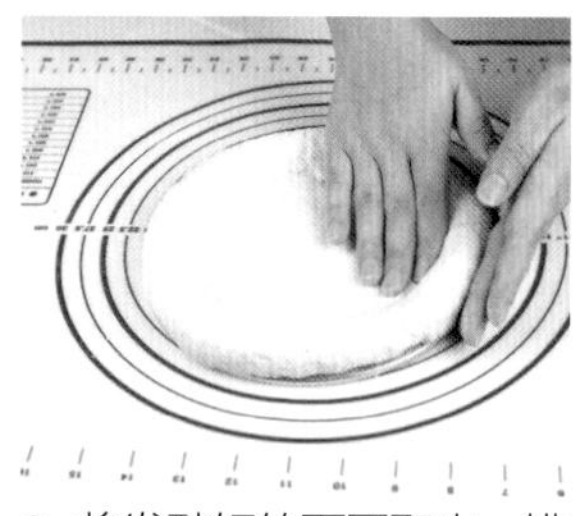

2. 将发酵好的面团取出，排出气体，整形成中间薄、四周厚的面饼。

3. 将中间薄的部分用叉子扎出气孔（便于饼坯在烤制过程中透气）。

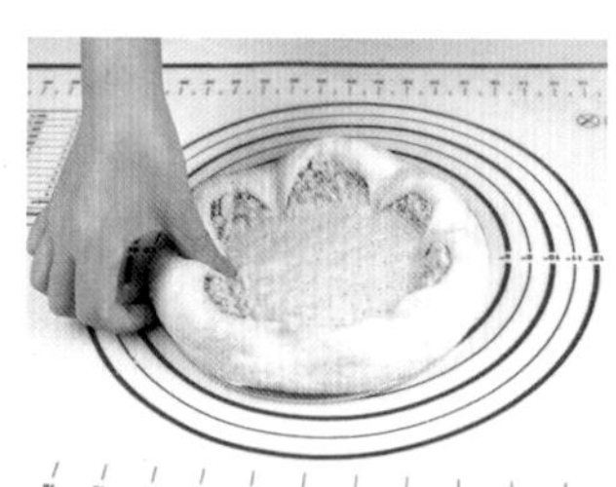

4. 在底部铺上切碎的牛肉和金枪鱼肉丁，撒一层奶酪。胡萝卜切片后，用模具切成花，铺在最上面。

5. 烤箱180℃预热10分钟。入烤箱，170℃烤25分钟。

胡萝卜也可以换成自己喜欢的其他蔬菜，如番茄等。

鸡肉南瓜黄金焗饭

原料

鸡肉糜（熟）250 克
糙米饭 100 克
南瓜 80 克
车达奶酪碎 30 克
豌豆 20 克
亚麻籽粉 15 克
植物油 5 克
鸡蛋 1 个
秋葵 1 根
紫薯适量

做法

1. 南瓜切小丁，加入少量植物油一起翻炒。

2. 米饭与鸡蛋混合并搅拌匀，加入锅中炒至米饭颗粒分明、蛋液完全凝固后，再加入鸡肉糜和豌豆，一起翻炒。

3. 烤箱210℃提前预热10分钟。将炒好的鸡肉南瓜饭放入焗碗中至8分满，撒入亚麻籽粉，再将车达奶酪碎铺于表面，紫薯切丁、秋葵切片加以装饰，送入烤箱。用200℃烤15分钟至奶酪完全化开即可。

这款焗饭特别适合长期以肉食为主的狗狗，尤其是有挑食问题的狗狗。以肉类为主食的狗狗比较容易缺乏膳食纤维、微量元素及维生素，可以选择以肉类为主，佐以富含膳食纤维的碳水化合物类食材如燕麦、糙米、土豆、山药等，再添加一些天然的绿色蔬菜和优质的脂肪，尽量从最常见的天然食材中摄取丰富的营养素。即便如此，钙、磷、锌仍然可能不足。千万不要盲目代替主食。

为了减少水分的产生，我选用了提前煮好并打碎的鸡肉糜。大家也可以使用新鲜的鸡胸肉，切成小碎块来翻炒，鸡肉会更加多汁和鲜嫩。

将鸡蛋与米饭提前混合，可以让每一粒米上都裹满鸡蛋液，也让每一勺焗饭都充满鸡蛋的鲜香气味并呈现出金黄色泽。

焗饭表面的装饰用食材可以灵活选择，如果家里还有其他的天然食材也都可以考虑，为了更加漂亮，建议选择一些色泽鲜艳的蔬菜。

附　录

附录一
烘焙常用工具与电器

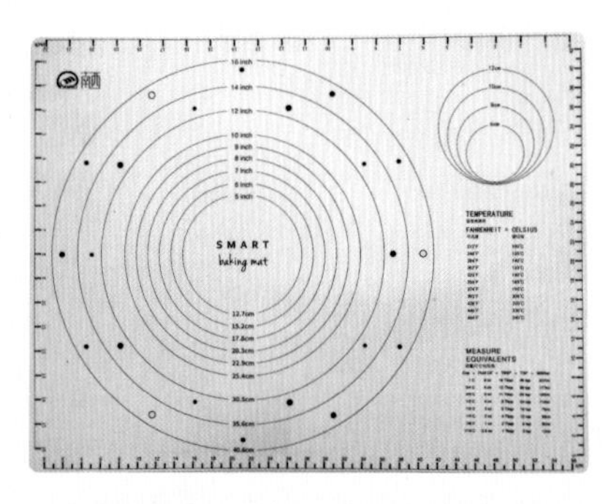

| 硅胶垫 | 作用与中餐使用的案板相似，不粘面和耐高温的特点尤为突出。但是，硅胶垫上不可以使用金属刀具等进行切割。

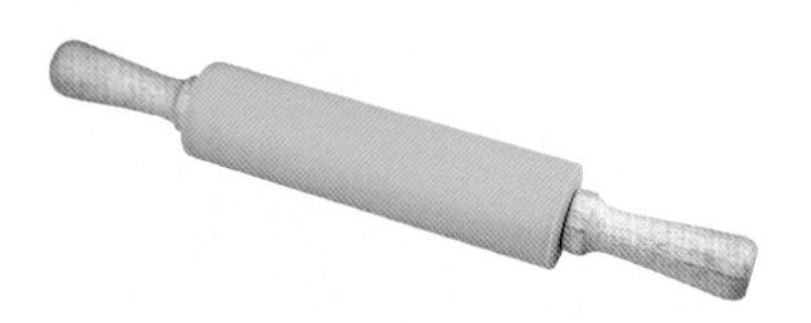

| 硅胶擀面杖 | 西点用硅胶擀面杖，中间部分多为木质、硅胶、金属等。硅胶的优点是不粘面，两端的手柄可以保证擀面时受力均匀，并与操作面保持一定距离，操作可控性比较强。

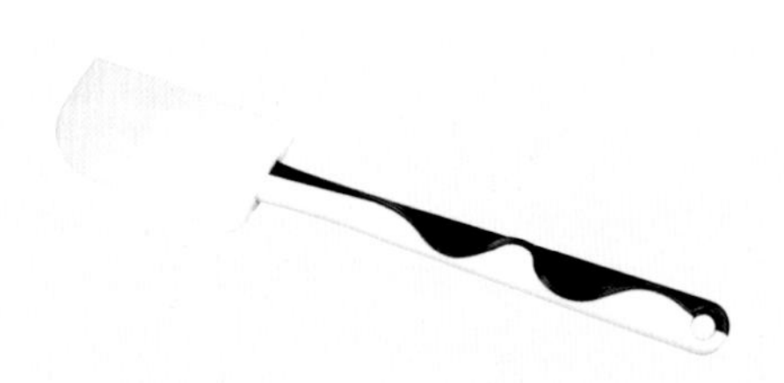

| 硅胶刮刀 | 用于翻拌、混合及处理残留食材的烘焙小工具，分大、中、小号等多种规格。烘焙对食材的重量要求严格，硅胶的软刮头可以将盆中的食材刮干净，保证食材在转移容器时的误差最小。

| 量勺 | 一套标准的烘焙专用量勺中有4只勺子，从大到小分别是1大勺（约等于15克）、1勺（约等于10克）、1/2勺（约等于5克）、1/4勺（约等于1克）。不同食材的密度不同，实际多少克会有一点出入。

| 面粉筛 | 将粉类食材进行过筛的小工具，使粉类颗粒均匀，无结块。

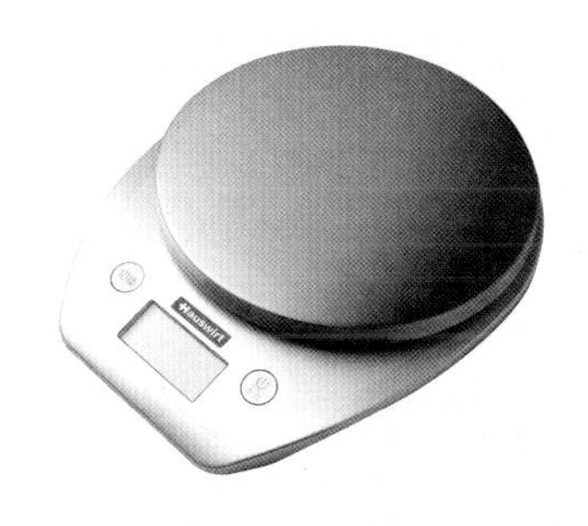

| 食品称 | 称量食材时所用的工具。烘焙食品对配方中各种食材的用量要求比较高，要求尽量精准，以保证制作的成功率。

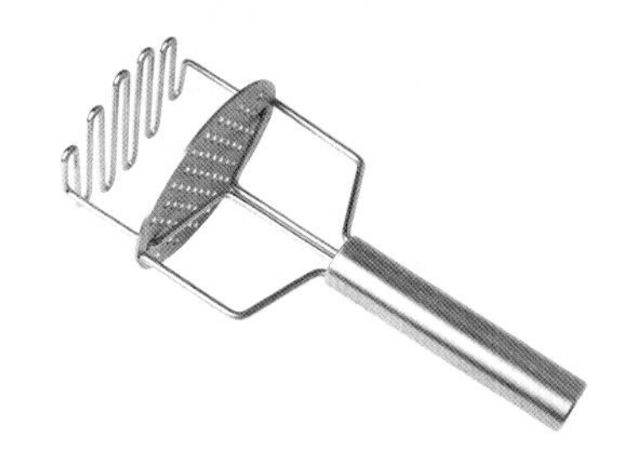

| 压泥器 | 将蒸、煮熟的红薯、土豆等加工成泥状时所用的工具，可以轻松又快速地将这类食物压成细腻的泥状。

| 平底锅 | 煎、炒食物时所用的锅具，带有不粘涂层的平底锅用起来会比较方便。

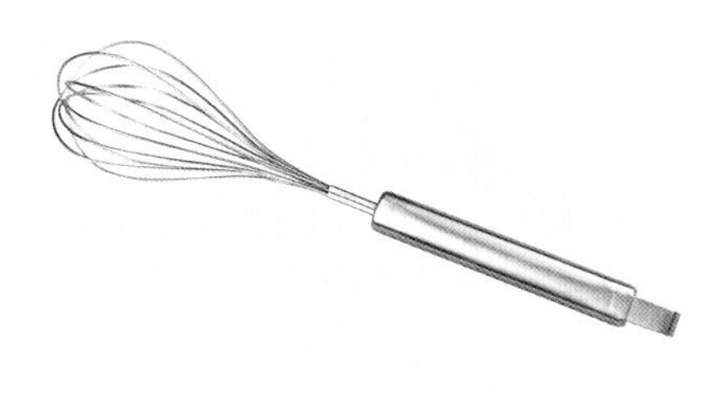

| 手动打蛋器 | 西餐中用于将鸡蛋、稀面糊、奶油等搅打及混合均匀的工具，在没有电动打蛋器的情况下，也可以作为打发蛋清的工具。

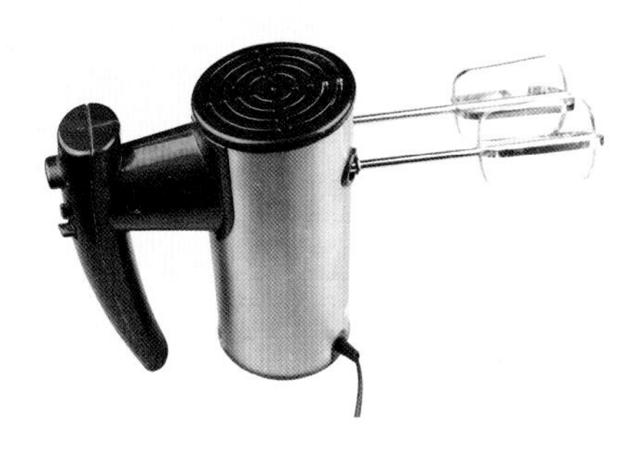

| 电动打蛋器 | 可以将蛋清、奶油等快速打发到需要的发泡状态。转速一般分5～7挡，其中3挡以下为低档，4～5为中挡，6～7为高挡。

| 烤箱 | 烘烤蛋糕、饼干等食物用的电器，家用烤箱容量一般为35~70升，大小可以根据自己的需求选择。

| 小电锅 | 蒸、煮食物时所用的锅具，小巧，方便收纳，家中可以常备一个。

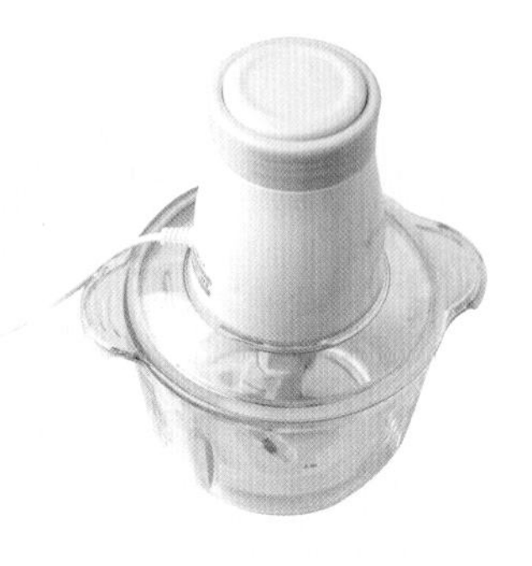

| 食品料理机 | 将食材打碎时所用的小家电，可以非常轻松地将肉类和蔬菜打成小块或泥状，一般容量为1～2升。

附录二

烘焙常用术语解释

打发

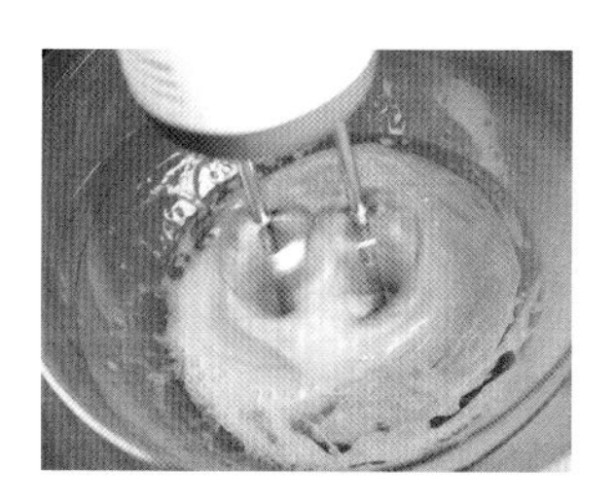

打发是指将黄油、奶油、鸡蛋等食材快速搅拌的手法。通过快速搅拌，让食材包裹住更多的空气，从而使烘焙出的成品呈现出蓬松的状态。不同食材打发后的状态会有所差异，如油类打发后颜色发白、体积略微变大；而蛋糕类食材打发后往往颜色变淡、体积膨胀度较高。打发食材一般都利用手动或电动的打蛋器来完成的。

隔热水打发

使用鸡蛋全液来制作蛋糕时，往往需要提高蛋液的温度，以保证鸡蛋打发的稳定度。这时可以在放鸡蛋液的盆下面放一个装有60℃热水的大盆，将鸡蛋隔热水进行打发操作，这就是隔热水打发法。与此同理的还有隔冰块打发法。

软化

软化是让固体食材变软的过程。冷藏或冷冻保存的黄油等乳制品，刚从冰箱里拿出来时都比较硬，而制作烘焙食物需要的最佳状态是奶酪酱状态，容易搅拌顺滑、细腻，这时就需要将冻硬的黄油等软化。最好的软化方法是在使用前2～3小时将黄油等从冰箱中取出，放在室温环境里，让其自行变软。也可以用隔水软化的方法，但切记水温不可过高，一般在60℃以下为宜。温度过高会造成水油分离，影响烘焙成品的效果。

预热

烘焙一般需要在恒温状态下完成，才能保证烘焙成品的风味和口感。因此，在将需要烘焙的食物放入烤箱前，应提前10分钟左右将烤箱内温度提高至烘焙食物所需的温度。

将食物放入烤箱内时，开门的时间过长会造成温度的流失，所以预热时设定的温度应略高于烘焙食物所需温度，即使打开烤箱门造成温度下降，也能保证食物放入烤箱后的温度符合要求。比如，烤饼干需要170℃，那么预热的温度就是180℃，预留出10℃的流失空间。

水浴法

烘焙时在烤盘内倒一些水或放一小碗水，烘焙过程中水变成水蒸气，可给正在烘烤中的食物加湿，让烘焙成品呈现出表面平整、质地湿润绵软的效果，这就是水浴法。这种方法一般用于制作比较绵软的蛋糕、布丁类食品。